Oghenekevwe Ekpokpobe

Sistema especializado: Diagnóstico e prescrição de doenças da reprodução humana

Oghenekevwe Ekpokpobe

Sistema especializado: Diagnóstico e prescrição de doenças da reprodução humana

Desenvolvimento de um sistema médico especializado para o diagnóstico e prescrição de doenças da reprodução humana

ScienciaScripts

This book is a translation from the original published under ISBN 978-620-8-01198-7.

Publisher:
Sciencia Scripts
is a trademark of
Dodo Books Indian Ocean Ltd. and OmniScriptum S.R.L publishing group

120 High Road, East Finchley, London, N2 9ED, United Kingdom
Str. Armeneasca 28/1, office 1, Chisinau MD-2012, Republic of Moldova, Europe
Printed at: see last page
ISBN: 978-620-8-08454-7

DEDICAÇÃO

Este projeto é dedicado a Deus Todo-Poderoso e aos meus pais, o Sr. e a Sra. Isaac E. Okode, por me terem educado e encorajado em todos os aspectos da minha vida.

RECONHECIMENTO

Estou profundamente grato a Deus Todo-Poderoso pela sua bondade, misericórdia, amor e favor imerecido na minha vida. Digo-te um grande "OBRIGADO", Senhor.

Gostaria de agradecer aos meus pais, o Chefe Sr. e a Sra. Isaac E Okode, por me terem dado o dom da educação, o amor e o apoio durante toda a minha estadia em Ile-Ife, e aos meus irmãos, Jeffrey, Tracy, Voke, Ovie, Davidson e Tejiri, pelo seu apoio e encorajamento.

Gostaria também de agradecer ao meu supervisor, Dr. A.O Odejobi, pela sua supervisão, correcções e paciência ao longo da duração deste projeto, e ao Dr. B.S Afolabi, ao Dr. Fashubaa e ao Dr. Ogundare pela sua ajuda.

Por último, a todos os meus amigos e entes queridos, cuja companhia foi uma grande conquista e um incentivo durante todo o percurso. Obrigado ao Sr. e à Sra. Kelvin Erhunwmunse, Adetomiwa Aderinto, Femi kuti, David Ibrahim, Habeeb Kolawole, Egbedion Ehimen, Eric Gabriel, Okey U.
Tobosun 0, Akinbiyi A, Otashile F, Iyaree Egbedion, Mayowa, Olaiya, Scholar Adeniyi, Dipo Onasile, Sheriff Dada, Korede Aguda, Dupe Darabidan, Beautiful Bunmi, Ewomazino, Ella Origho, Lenora, Titinayo e outros pelo seu apoio e encorajamento durante os meus estudos de licenciatura.

Que Deus vos abençoe a todos.

Índice

RESUMO

O diagnóstico de uma doença pode ser moroso, como acontece na Nigéria, onde há um médico para cerca de 60 000 pessoas devido à falta de profissionais de saúde. O sistema médico especializado pode ser utilizado para resolver este problema.

Os sistemas periciais, embora codifiquem o conhecimento humano, não tentam estimular a arquitetura mental humana. São programas práticos que utilizam estratégias heurísticas desenvolvidas por humanos para resolver classes específicas de problemas.

O objetivo deste projeto é desenvolver um sistema especializado para diagnosticar e prescrever doenças do aparelho reprodutor humano. O conhecimento sobre a doença foi obtido através da consulta de especialistas do departamento de ginecologia e urologia, OAUTHC, Ile-Ife. O método de obtenção de conhecimentos foi a realização de entrevistas estruturadas. O sistema foi concebido utilizando a Linguagem de Modelação Unificada (UML) e o diagrama de fluxo e depois implementado utilizando o ESTA versão 4.5.

O sistema foi testado e avaliado por peritos nesse domínio (Ginecologia e Urologia). Os resultados mostraram que o sistema podia diagnosticar e prescrever doenças do aparelho reprodutor humano com base num certo número de sintomas. O sistema será útil na atribuição de tarefas para verificar os resultados dos diagnósticos e na orientação de estudantes de medicina.

CAPÍTULO 1: INTRODUÇÃO

1.1   Antecedentes

O sistema pericial é um programa informático que executa tarefas difíceis e especializadas ao nível de um perito humano para resolver problemas do mundo real. Na rotina normal, estes problemas são resolvidos por peritos do domínio, que são especialistas nos seus respectivos domínios. Assim, o conhecimento tem de ser extraído do perito do domínio para desenvolver um sistema pericial. Extrair o conhecimento de um perito no domínio e convertê-lo num programa de computador é uma tarefa difícil. Esta tarefa de extração de conhecimentos de um perito no domínio é realizada por um engenheiro de conhecimentos. O engenheiro do conhecimento presta assistência útil aos peritos do domínio na determinação da representação do conhecimento. Se o conhecimento for representado sob a forma de regras, estes sistemas são designados por sistemas periciais baseados em regras. Foram desenvolvidas diferentes técnicas para a aquisição de conhecimentos.

Existem muitas aplicações de sistemas periciais, desde a medicina, contabilidade, controlo de processos, recursos humanos, serviços financeiros, etc. A maioria das aplicações dos sistemas periciais em medicina envolve a previsão e o diagnóstico de uma determinada doença. Mas os sistemas periciais estão atualmente envolvidos em muitas outras funções nos cuidados clínicos, como a prevenção de doenças, a terapia, a reabilitação do doente após a terapia, etc. Os sistemas periciais são utilizados em medicina para formar os estudantes de medicina em várias tarefas médicas. Os sistemas periciais médicos também são úteis em determinadas situações em que o caso é bastante complexo ou em que não há peritos médicos imediatamente disponíveis para os doentes.

Desde o início, o principal obstáculo à utilização de sistemas periciais em medicina tem sido a exatidão desses sistemas. O domínio da medicina é tão complexo e sofisticado que a segurança é sempre uma questão importante. No entanto, estes sistemas continuam a prestar apoio em locais onde há falta de peritos médicos. Os sistemas MYCIN, PUFF, DXplain, HELP, etc. são alguns dos sistemas médicos especializados mais conhecidos. Os sistemas periciais médicos podem ser construídos quer através de linguagens de IA quer a partir de shells de sistemas periciais. Os shells de sistemas periciais oferecem facilidades mais gerais e uma forma fácil de introduzir os conhecimentos necessários sobre o domínio do problema. ESTA, EXSYS, XpertRule, ACQUIRE, FLEX, etc. são alguns dos pacotes de software populares utilizados na construção de sistemas periciais médicos. LISP e PROLOG são duas linguagens de IA famosas utilizadas para desenvolver sistemas médicos especializados.

1.2   Definição do problema

Pode observar-se que um médico, na tentativa de diagnosticar uma doença, repete o mesmo procedimento, por exemplo, adquirindo factos sobre a doença através do exame físico do doente. Este procedimento revela as manifestações da doença observadas no doente pelo médico. Depois de os factos terem sido recolhidos, o médico esclarece repetidamente cada sintoma, dependendo da manifestação de uma doença, o médico decide rapidamente, a partir do seu cálculo mental, em qual destas áreas se enquadra a doença do doente.

O diagnóstico de uma doença pode ser moroso, como acontece na Nigéria, onde um médico para cerca de 60 000 pessoas é suficiente devido à escassez de médicos. O programa de sistema médico especializado pode ser utilizado para reduzir esta escassez.

1.3 Justificação

A justificação deste projeto baseia-se no facto de os custos de contratação de médicos serem elevados, podendo estes custos ser reduzidos através da aquisição de um programa de sistema especializado. Além disso, numa situação em que o médico pode não estar disponível por razões pessoais para atender um caso de emergência, se este caso exigir atenção ou assistência especializada, o sistema pericial de diagnóstico pode ser consultado para dar algumas diretrizes a seguir no tratamento do doente antes da chegada do médico. Com um projeto semelhante deste tipo, o diagnóstico e a prescrição de tratamento de doenças da reprodução humana podem ser disponibilizados prontamente. O projeto também pode servir de guia para pessoas como profissionais de saúde e estudantes de medicina que queiram saber mais sobre doenças da reprodução humana.

1.4 Objetivo

Desenvolver um sistema médico especializado para a prescrição e diagnóstico de doenças do aparelho reprodutor humano.

1.5 Objectivos

Os objectivos deste projeto são:

1. Estudar o sistema pericial médico existente que foi implementado.

2. Obter conhecimentos de um perito no domínio e representá-los.

3. Conceber um sistema médico especializado para o diagnóstico de doenças da reprodução humana.

4. Implementação do sistema pericial médico concebido no ponto 3 supra.

1.6 Metodologia

1. A revisão de projectos anteriores foi feita através do estudo de teses, livros de

texto e revistas na Internet.

2. Obter conhecimentos do perito no domínio (médico) através de uma entrevista estruturada.

3. Conceção de um sistema médico especializado para o diagnóstico de doenças da reprodução humana, utilizando a linguagem de modelação unificada (UML) e uma estrutura.

4. Implementação do sistema pericial médico referido no ponto 3, através da utilização de shells de sistemas periciais (ESTA)

1.7 Limitação

T Este sistema pericial é capaz de diagnosticar e prescrever tratamento para 16 doenças da reprodução humana. Qualquer doença fora deste âmbito (cancro testicular, cancro da mama, cancro da próstata (masculino e feminino), cancro do pénis, cancro do colo do útero, infertilidade masculina, priapismo, herpes genital, gonorreia (feminina e masculina), clamídia (masculina e feminina), levedura nos homens, infeção vaginal por levedura e sarna) não estará disponível na base de conhecimentos. Além disso, a cirurgia não seria possível, uma vez que se trata de um processo complexo que implica o contacto direto com um especialista.

1.8 Apresentação da tese

Este projeto está documentado de forma a permitir um fluxo de informação para uma boa legibilidade.

Capítulo I: Apresenta uma introdução a toda a investigação e inclui a finalidade, os objectivos, a justificação e a metodologia a aplicar no decurso da investigação.

Capítulo Dois: É uma revisão extensiva da literatura sobre trabalhos anteriores efectuados no domínio dos sistemas periciais médicos. Uma revisão geral da

Inteligência Artificial, dos sistemas periciais e das doenças reprodutivas humanas.

Capítulo III: Descreve as diferentes etapas envolvidas na análise e conceção do sistema.

Abrange toda a gama de procedimentos e metodologias.

Quarto capítulo: A aplicação efectiva, a avaliação e os resultados do sistema.

Quinto capítulo: Conclui todo o trabalho do projeto. Inclui a conclusão e as

recomendações. Apêndices.

CAPÍTULO 2: REVISÃO DA LITERATURA

2.1   Sistema reprodutor

O sistema reprodutor ou sistema genital é um sistema de órgãos dentro de um organismo que trabalham em conjunto com o objetivo da reprodução. Muitas substâncias não vivas, como fluidos, hormonas e feromonas, são também acessórios importantes do sistema reprodutor. Ao contrário da maioria dos sistemas de órgãos, os sexos de espécies diferenciadas têm frequentemente diferenças significativas. Estas diferenças permitem uma combinação de material genético entre dois indivíduos, o que possibilita uma maior aptidão genética da descendência.

Os principais órgãos do sistema reprodutor humano incluem os órgãos genitais externos (pénis e vulva), bem como uma série de órgãos internos, incluindo as gónadas produtoras de gâmetas (testículos e ovários). As doenças do sistema reprodutor humano são muito comuns e generalizadas, nomeadamente as doenças sexualmente transmissíveis (DST).

2.1.1   Sistema reprodutor masculino

O sistema reprodutor masculino humano é uma série de órgãos localizados fora do corpo e à volta da região pélvica de um homem que contribuem para o processo reprodutivo. A principal função direta do sistema reprodutor masculino é fornecer o gâmeta masculino ou espermatozoide para a fertilização do óvulo.

Os principais órgãos reprodutores do homem podem ser agrupados em três categorias. A primeira categoria é a produção e armazenamento de esperma. A produção ocorre nos testículos que estão alojados no escroto, que regula a temperatura, e os espermatozóides imaturos viajam depois para o epidídimo para se desenvolverem e armazenarem. A segunda categoria é a das glândulas produtoras de fluido ejaculatório, que incluem as vesículas seminais, a próstata e os canais deferentes. A última categoria é constituída pelas glândulas utilizadas para a cópula e para a deposição dos espermatozóides (esperma) no interior do macho, que incluem o pénis, a uretra, os canais deferentes e a glândula de Cowper.

As principais caraterísticas sexuais secundárias incluem: estatura maior e mais musculada, voz mais grave, pêlos faciais e corporais, ombros largos e desenvolvimento de uma maçã de Adão. Uma importante hormona sexual masculina é o androgénio e, em particular, a testosterona (John, 2006).

2.1.2 Sistema reprodutor feminino

O sistema reprodutor feminino humano é uma série de órgãos localizados principalmente no interior do corpo e em torno da região pélvica de uma mulher que contribuem para o processo reprodutivo. O sistema reprodutor feminino humano contém três partes principais: a vagina, que actua como recetáculo do esperma do homem, o útero, que contém o feto em desenvolvimento, e os ovários, que produzem os óvulos da mulher. Os seios são também um órgão reprodutor importante durante a fase de reprodução dos pais (Ted, 2003).

2.1.3 Produção de gâmetas

A produção de gâmetas tem lugar nas gónadas através de um processo denominado gametogénese. A gametogénese ocorre quando certos tipos de células germinativas sofrem meiose para dividir o número diploide normal de cromossomas nos seres humanos (n=46) em células haplóides que contêm apenas 23 cromossomas. Nos homens, este processo é conhecido como espermatogénese e ocorre apenas após a puberdade nos túbulos seminíferos dos testículos. Na mulher, a gametogénese é conhecida como oogénese, que ocorre nos folículos ováricos dos ovários.

2.1.4 Doenças do sistema reprodutor humano

As doenças do aparelho reprodutor são todas as doenças que afectam a capacidade de reprodução. Estas doenças podem resultar de anomalias genéticas ou congénitas, como no caso dos hermafroditas, de problemas funcionais, como a impotência ou a infertilidade, ou de infecções do aparelho reprodutor, como as DST.

As Infecções do Aparelho Reprodutor (IAR) são infecções que afectam o aparelho reprodutor, que faz parte do sistema reprodutor. No caso das mulheres, as infecções do trato reprodutivo podem ocorrer no trato reprodutivo superior (trompas de Falópio, ovário e útero) e no trato reprodutivo inferior (vagina, colo do útero e vulva); no caso dos homens, estas infecções ocorrem no pénis, nos testículos, na uretra ou no tubo de esperma. Os três tipos de infecções do trato reprodutivo são as infecções endógenas, as infecções iatrogénicas e as doenças sexualmente transmissíveis (DST) mais conhecidas. Cada uma tem as suas causas e sintomas específicos, causados por uma bactéria, vírus, fungo ou outro organismo. Algumas infecções são facilmente tratáveis e podem ser curadas, outras são mais difíceis e algumas não têm cura, como a Síndrome da Imunodeficiência Adquirida (SIDA) e o herpes.

Como todos os sistemas de órgãos complexos, o sistema reprodutor humano é afetado por muitas doenças. Existem quatro categorias principais de doenças reprodutivas nos seres humanos. São elas: Anomalias genéticas ou congénitas, Cancros, Infecções que são frequentemente doenças sexualmente transmissíveis; e Problemas funcionais causados por factores ambientais, danos físicos, problemas psicológicos, doenças auto-imunes ou outras causas.

Os tipos mais conhecidos de problemas funcionais incluem a disfunção sexual e a infertilidade, que são ambos termos amplos relacionados com muitas perturbações com muitas causas. As doenças reprodutivas específicas são frequentemente sintomas de outras doenças e perturbações, ou têm causas múltiplas ou desconhecidas, o que as torna difíceis de classificar. Exemplos de doenças não classificáveis incluem a doença de Peyronie nos homens e a endometriose nas mulheres. Muitas doenças congénitas causam anomalias reprodutivas mas são mais conhecidas pelos seus outros sintomas, incluindo a síndrome de Turner, a síndrome de Klinefelter, a fibrose cística e a síndrome de Bloom.

Sabe-se também que a perturbação do sistema endócrino por determinados produtos químicos afecta negativamente o desenvolvimento do sistema reprodutor e pode causar cancro da vagina. Muitas outras doenças reprodutivas foram também associadas à exposição a produtos químicos sintéticos e ambientais. Entre as substâncias químicas mais comuns com ligações conhecidas a perturbações reprodutivas incluem-se: chumbo, dioxinas, estireno, tolueno e pesticidas (Ted, 2003).

Exemplos de anomalias congénitas são: Síndrome de Kallmann (doença genética que provoca uma diminuição do funcionamento das glândulas produtoras de hormonas sexuais causada por uma deficiência de uma hormona), criptorquidia (ausência de um ou de ambos os testículos no escroto), síndrome de insensibilidade aos androgénios (doença genética que faz com que as pessoas geneticamente masculinas (par de cromossomas XY) se desenvolvam sexualmente como mulheres devido a uma incapacidade de utilizar os androgénios) e intersexualidade (pessoa que tem genitais e/ou outros traços sexuais que não são claramente masculinos ou femininos).

São exemplos de cancros Cancro da próstata (Cancro da próstata), Cancro da mama (Cancro da glândula mamária), Cancro do ovário (Cancro do ovário), Cancro do pénis (Cancro do pénis), Cancro do útero (Cancro do útero), Cancro do testículo (Cancro dos testículos) e Cancro do colo do útero.

Cancro (Cancro do colo do útero)

Exemplos de infecções são: VIH (Infeção pelo retrovírus conhecido como Vírus da Imunodeficiência Humana), Verrugas genitais (Infeção sexualmente transmissível causada por alguns subtipos do Vírus do Papiloma Humano (HPV)), Herpes simplex (Infeção sexualmente transmissível causada por um vírus chamado Vírus do Herpes Simplex (HSY) tipo 2), Gonorreia (Doença sexualmente transmissível comum causada pela bactéria Gram-negativa Neisseria gonorrhea), Infeção por leveduras (Infeção da vagina por qualquer espécie do fungo do género Candida), Doença Inflamatória Pélvica (Infeção dolorosa do útero feminino, das trompas de Falópio e/ou dos ovários com formação de cicatrizes e aderências aos tecidos e órgãos próximos), Sífilis (Infeção sexualmente transmissível causada pela bactéria Treponema palladium), Piolhos púbicos (Infeção dos pêlos púbicos por piolhos do caranguejo, Phthirius pubis) e Tricomoníase (Infeção sexualmente transmissível pelo parasita protozoário unicelular Trichomonas vaginalis).

Exemplos de problemas funcionais são: Impotência (A incapacidade de um homem produzir ou manter uma ereção), Hipogonadismo (Uma falta de função das gónadas, no que diz respeito às hormonas ou à produção de gâmetas), Gravidez ectópica (Quando um óvulo fertilizado é implantado em qualquer tecido que não a parede uterina), Perturbação hipoactiva do desejo sexual (Um baixo nível de desejo e interesse sexual), Perturbação da excitação sexual feminina (Uma condição de lubrificação diminuída, insuficiente ou ausente nas mulheres durante a atividade sexual) e Ejaculação precoce (Uma falta de controlo voluntário sobre a ejaculação).

Mas este projeto centrar-se-á na seguinte doença humana:

- Intersexualidade
- Cancro da próstata
- Cancro da mama
- Ovário
- Cancro do testículo
- Verrugas genitais
- Gonorreia
- Doença Inflamatória Pélvica
- Sífilis
- Impotência
- Gravidez ectópica
- Ejaculação precoce

2.2   Princípio da Inteligência Artificial

O debate sobre a Inteligência Artificial (IA) será analisado sob os seguintes subtítulos: as suas definições; o seu desenvolvimento e, por último, a área de aplicação.

2.2.1 Definições

No entanto, concluiu-se que não existe uma definição universal de IA porque não foi dada uma definição universal para a inteligência humana (McAllister, 1987). Por conseguinte, apresentam-se a seguir algumas das tentativas de definição de IA expressas por vários académicos:

"O ramo da ciência da computação que se ocupa da automatização do comportamento inteligente. Esta definição enfatiza a convicção de que a IA é uma parte da ciência da computação e, por conseguinte, deve basear-se em princípios teóricos e aplicados sólidos desse domínio" (George *et al.* 1989). Este princípio inclui as estruturas de dados utilizadas na representação do conhecimento, os algoritmos necessários para aplicar esse conhecimento e a linguagem e as técnicas de programação utilizadas na sua implementação

"A ciência de fazer com que as máquinas façam coisas que exigiriam inteligência se fossem feitas por homens" (Minsky, 1968).

"Um ramo da ciência da computação que se preocupa com a automatização do comportamento inteligente compreensão da linguagem, aprendizagem, raciocínio, resolução de problemas, etc." (Luger e Stubblefield, 1989; Barr e Feigenbaum, 1981).

"Um ramo da ciência da computação que se ocupa da conceção e implementação de programas que emulam as capacidades cognitivas humanas, como a resolução de problemas, a perceção visual e a compreensão da linguagem" (Jackson, 1990).

2.2.2 Desenvolvimento em IA

No início da década de 1950, Herbert Simon, Allen Newell e Cliff Shaw realizaram experiências de escrita de programas para imitar os processos de pensamento humano. As experiências resultaram num programa chamado Logic Theorist, que consistia em regras de axiomas já provados. Quando lhe era dada uma nova expressão lógica, o programa pesquisava todas as operações possíveis para descobrir uma prova da nova expressão, utilizando heurísticas. Este foi um passo importante no desenvolvimento da IA. O Logic Theorist era capaz de resolver rapidamente trinta e oito de cinquenta e dois problemas com provas que Whitehead e Russel tinham concebido (Feigenbaum e Feldman, 1963). Ao mesmo tempo, Shanon publicou um artigo sobre a possibilidade de os computadores jogarem xadrez.

Embora os trabalhos de Simon et al e Shanon tenham demonstrado o conceito de programas de computador inteligentes, o ano de 1956 é considerado o início do tema Inteligência Artificial. Tal deve-se ao facto de a primeira conferência sobre IA, organizada por John McCarthy, Marvin Minsky, Nathaniel Rochester e Claude Shanon no Dartmouth College, em New Hampshire, ter ocorrido em 1956. Esta conferência foi o primeiro esforço organizado no domínio da inteligência artificial. Foi nessa conferência que John McCarthy, o criador da linguagem de programação LISP, propôs o termo Inteligência Artificial. A conferência de Dartmouth abriu caminho para a análise da utilização de computadores para processar símbolos, da necessidade de novas linguagens e do papel dos computadores na prova de teoremas, em vez de se concentrar no hardware que simulava a inteligência.

Newell, Shaw e Simon desenvolveram um programa chamado General Problem Solver (GPS) em 1959 que podia resolver muitos tipos de problemas. Era capaz de provar teoremas, jogar xadrez e resolver puzzles complexos. O GPS introduziu o conceito de análise de meios-fins, envolvendo a correspondência entre o estado atual e o estado do objetivo. A diferença entre os dois estados era utilizada para encontrar novas direcções de pesquisa. A GPS também introduziu o conceito de retrocesso e de subestados-objetivo que melhoraram a eficiência da resolução de problemas (Newell *et al.* 1960).

O retrocesso é utilizado quando a pesquisa se afasta do estado do objetivo a partir de um estado anterior mais próximo, para atingir esse estado. O conceito de sub-objectivos introduziu uma pesquisa orientada por objectivos através do conhecimento. A principal crítica ao GPS era o facto de não poder aprender com problemas previamente resolvidos.

No mesmo ano, John McCarthy desenvolveu a linguagem de programação LISP, que se tornou a linguagem de programação de IA mais utilizada (McCarthy, 1960).

Kenneth Colby, da Universidade de Stanford, e Joseph Weizenbaum, do MIT, escreveram programas separados em 1960, que simulavam o raciocínio humano. O programa de Weizenbaum, ELIZA, utilizava uma técnica de correspondência de padrões para manter conversas bidireccionais muito realistas. O ELIZA tinha regras associadas a palavras-chave como "eu", "tu", "como", etc., que eram executadas quando uma dessas palavras era encontrada. No mesmo ano, o grupo de Minsky no MIT escreveu um programa que podia efetuar analogias visuais (Minsky, 1975). Duas figuras que tinham alguma relação entre si eram descritas ao programa, que era então solicitado a encontrar outro conjunto de figuras de um conjunto que correspondesse a uma relação semelhante.

As outras duas grandes contribuições para o desenvolvimento da IA foram um solucionador de problemas linguísticos, o STUDENT, e um programa de aprendizagem, o SHRDLU. O programa, STUDENT, considerava cada frase na descrição de um problema como uma equação e processava as frases de uma forma mais inteligente. Duas caraterísticas significativas do SHRDLU eram a capacidade de fazer suposições e a capacidade de aprender com problemas já resolvidos.

Paralelamente a estes desenvolvimentos, John Holland, da Universidade de Michigan, realizou experiências no início da década de 1960 para desenvolver sistemas adaptativos, que combinavam a teoria de Darwin "Survival-of-the-Fittest" e a genética natural para formar um poderoso mecanismo de pesquisa (Holland, 1975). Estes sistemas, com a sua capacidade de aprendizagem implícita, deram origem a uma nova classe de paradigmas de resolução de problemas designados por algoritmos genéticos. Foram desenvolvidos sistemas protótipo de aplicações que envolvem pesquisa, otimização, síntese e aprendizagem utilizando esta técnica, que se revelou muito promissora em muitos domínios da engenharia (Goldberg, 1989).

Muitos realizaram um extenso trabalho de investigação e desenvolvimento para simular a aprendizagem no cérebro humano utilizando computadores. Estes trabalhos levaram ao aparecimento da Rede Neuronal Artificial (RNA) como paradigma para resolver uma grande variedade de problemas em diferentes domínios da engenharia. São propostas diferentes configurações de RNAs para resolver diferentes classes de problemas. A rede é primeiro treinada com um conjunto disponível de entradas e saídas. Após o treino, a rede pode resolver diferentes problemas da mesma classe e gerar resultados. O nível de erro da solução dependerá da natureza e do número de conjuntos de problemas utilizados para treinar a rede. Quanto maior for o número e a variedade de conjuntos de dados utilizados para a formação, menor será o nível de erro nas soluções geradas. De facto, esta técnica tornou-se muito popular entre a comunidade de investigação em engenharia, em comparação com outras técnicas como os algoritmos genéticos, devido à simplicidade da sua aplicação e à fiabilidade dos resultados que produz.

2.2.3 Área de aplicação

Os domínios da Inteligência Artificial parecem partilhar uma série de caraterísticas importantes, algumas das quais são enumeradas a seguir:

1. A utilização de computadores para efetuar raciocínios simbólicos.

2. Os problemas centram-se na ausência de soluções algorítmicas. Este facto sublinha a dependência da pesquisa heurística como técnica de resolução de problemas de IA.

3. Uma preocupação com a resolução de problemas utilizando *informação inexacta, em falta ou mal definida e a utilização de formalismos de representação que permitam ao programador compensar estes problemas.

4. Um esforço para captar e manipular as caraterísticas qualitativas significativas de uma situação em vez de se basear em dados numéricos

5. Uma tentativa de lidar com questões de significado semântico, bem como de forma sintáctica.

6. A utilização de grandes quantidades de conhecimentos específicos de um domínio na resolução de problemas.

7. A utilização de conhecimentos de meta-nível para efetuar um controlo mais sofisticado das estratégias de resolução de problemas. Embora se trate de um problema muito difícil, abordado em relativamente poucos sistemas actuais, está a emergir como uma área essencial de investigação. Sistema como o sistema pericial.

Os investigadores de IA criaram muitas ferramentas para resolver os problemas mais difíceis da informática. Muitas das suas invenções foram adoptadas pela informática convencional e já não são consideradas parte da IA. Todas as seguintes foram originalmente desenvolvidas em laboratórios de IA: partilha de tempo, intérpretes interactivos, interfaces gráficas de utilizador e o rato do computador, ambientes de desenvolvimento rápido, o tipo de dados lista ligada, gestão automática do armazenamento, programação simbólica, programação funcional, programação dinâmica e programação orientada para os objectos.

2.3   Revisão do sistema especialista

O sistema pericial, que é o foco principal desta documentação, é discutido em quatro subtítulos, nomeadamente: as suas definições, a arquitetura de um sistema pericial, as técnicas de representação do conhecimento, as técnicas de pesquisa e os trabalhos anteriores.

2.3.1   Definição

Um sistema pericial é um programa (sistema) baseado no conhecimento que fornece soluções de qualidade pericial para problemas num domínio específico. Geralmente, o seu conhecimento é extraído de peritos humanos no domínio em causa e tenta imitar a sua metodologia e desempenho. Tal como os seres humanos qualificados, os sistemas periciais tendem a ser especialistas, concentrando-se num conjunto restrito de problemas. Tal como os humanos, o seu conhecimento é teórico e prático, tendo sido aperfeiçoado através da experiência no domínio.

Um sistema pericial é constituído basicamente por duas partes distintas: a técnica de representação do conhecimento e a técnica de pesquisa (heurística) utilizada. Os sistemas periciais, apesar de serem constituídos por conhecimento humano, não tentam realmente estimular a arquitetura mental humana em pormenor, são programas práticos que utilizam estratégias heurísticas desenvolvidas por humanos para resolver classes específicas de problemas.

2.3.2   A arquitetura do sistema pericial

O núcleo de um sistema pericial contém os componentes básicos e necessários para todos os sistemas periciais. Estes componentes são identificados como uma base de factos, uma base de regras e um mecanismo de inferência. O núcleo contém processos de interação e de interface com o utilizador, um processo de aquisição de conhecimentos e de dados e um processo de apoio à geração de explicações para o acionamento de regras e de conselhos ao utilizador. A figura 2.1 mostra a arquitetura do sistema pericial.

2.3.2.1 Motor de inferência

É o interpretador de regras e o mecanismo do sistema pericial. É um componente essencial de um sistema pericial, pois sem o mecanismo de raciocínio não é fácil extrair factos da base de conhecimentos. O motor de inferência (mecanismo) é a parte do núcleo do sistema pericial que suporta o raciocínio sobre o ambiente através da manipulação adequada das suas bases de regras e factos. Estabelece o estado atual do ambiente a partir da sua base de factos e utiliza essa informação para identificar o conjunto de regras cujas partes condicionais são satisfeitas pelo ambiente

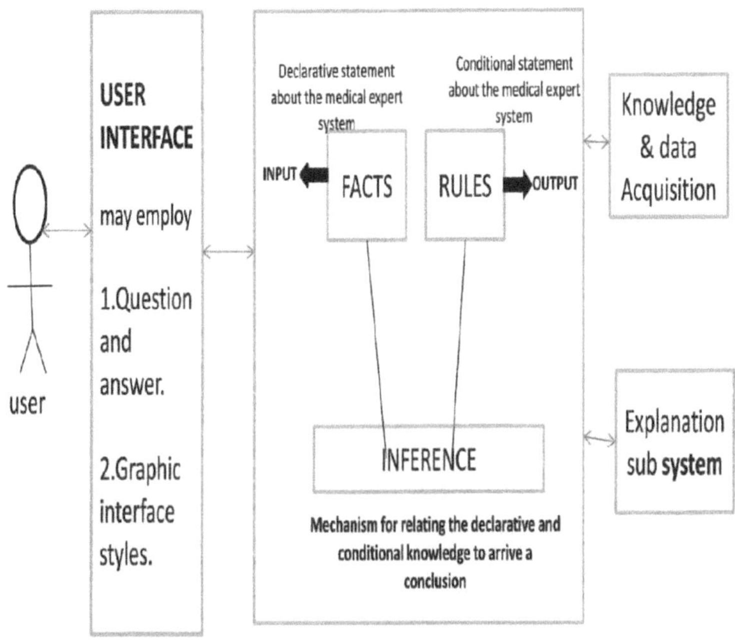

Figura 2.1: *Arquitetura do sistema pericial.*

estado. Determina quais as regras na base de regras que são possíveis candidatas a disparo, com base na circunstância de a parte condicional das regras ser satisfeita por factos na base de factos. Estes factos fornecem uma imagem actualizada do ambiente para o sistema pericial.

Existem basicamente duas formas ou estratégias de controlo através das quais o motor de inferência gere as regras para chegar a uma determinada conclusão. São elas o encadeamento para a frente e para trás. A maioria dos sistemas periciais suporta apenas uma estratégia de controlo. Alguns suportam ambas.

2.3.2.1.1 **Encadeamento progressivo:** O encadeamento progressivo suporta o que se designa por raciocínio "orientado por dados". É especialmente importante para funções de monitorização. O encadeamento progressivo funciona do LHS para o RHS das regras.

2.3.2.1.2 **Encadeamento para trás:** O encadeamento para trás apoia o raciocínio orientado por objectivos. É especialmente importante para actividades de diagnóstico. O encadeamento regressivo funciona do RHS para o LHS das regras.

2.3.2.2 **Solução Explicação Unidade**

Explica o raciocínio do sistema ao utilizador e explica como o sistema pericial chegou à sua conclusão.

2.3.2.2 **Conhecimento e aquisição de dados**

O processo "Aquisição de conhecimentos e dados" é utilizado pelo sistema pericial para adquirir novos factos e regras associados ao seu domínio específico. É através deste processo que as capacidades podem ser adicionadas ou subtraídas ao sistema pericial. Associado a este processo está o conceito de engenharia do conhecimento. Trata-se do processo através do qual os conhecimentos de um perito ou grupo de peritos ou de outras fontes, como livros, manuais de procedimentos, guias de formação, etc., são recolhidos, formatados, verificados e validados e introduzidos na base de conhecimentos do sistema pericial.

2.3.2.3 Interface do utilizador

A aceitabilidade de um sistema pericial depende, em grande medida, da qualidade da interface com o utilizador. Esta é o mecanismo através do qual o sistema pericial e o utilizador comunicam. O utilizador introduz comandos e responde a perguntas através da interface e o sistema responde a comandos e faz perguntas durante o processo de inferência. A interface do utilizador é feita através de comandos, gráficos, ícones, formulários, etc.

2.3.3 Etapas do desenvolvimento de um sistema especialista

1. Aquisição de conhecimentos
2. Representação do conhecimento
3. Conceção
4. Teste
5. Avaliação e manutenção.

2.3.3.1 Aquisição de conhecimentos

A aquisição de conhecimentos é uma das fases mais importantes do ciclo de desenvolvimento de um sistema pericial, em que os conhecimentos específicos do domínio, obtidos de peritos humanos ou de outras fontes relacionadas, são transferidos para o engenheiro do conhecimento.

2.3.3.2 Técnicas de representação do conhecimento

Trata-se de uma parte importante dos sistemas periciais que capta as caraterísticas essenciais de um domínio problemático e torna essa informação acessível a um procedimento de resolução de problemas. Os esquemas de representação devem permitir ao programador exprimir os conhecimentos necessários para a resolução de um problema e devem também ser eficientes do ponto de vista computacional. Graças aos esforços dos investigadores em inteligência artificial, foram desenvolvidas várias formas eficazes de representar o conhecimento num computador. Barr e Feigenbaum (1981) fazem uma excelente análise destas técnicas. Consideramos cinco das técnicas mais comuns utilizadas no desenvolvimento de um sistema pericial: *triplas objeto-atributo-valor, regras, redes semânticas, quadros e lógica*

2.3.3.2.1 Tripletos objeto-atributo-valor

Todas as teorias cognitivas da organização do conhecimento humano utilizam os factos como elementos de base. Um facto é uma forma de conhecimento declarativo. Fornece uma certa compreensão de um acontecimento ou problema. Existem diferentes tipos de conhecimento: processual, declarativo, meta, heurístico e estrutural. Nos sistemas periciais, os factos são utilizados para ajudar a descrever partes de quadros, redes semânticas ou regras. São também utilizados para descrever a relação entre estruturas de conhecimento mais complexas e para controlar a utilização dessas estruturas durante a resolução de problemas. Na inteligência artificial e no sistema pericial, um facto é frequentemente referido como uma proposição. Um facto também pode ser utilizado para afirmar um determinado valor de propriedade de um objeto. Por exemplo, "a cor do tecido é azul" atribui o valor "azul" à cor do tecido. Este tipo de facto é conhecido como um tripleto objeto atributo-valor (O-A-V). Um O-A-U é um tipo de proposição mais complexo. Divide uma dada afirmação em três partes distintas: objeto, atributo e valor do atributo.

2.3.3.2.2   Regras

Os factos fornecidos pelo utilizador são importantes para o funcionamento de um sistema pericial. Permitem que o sistema compreenda o estado atual do mundo. No entanto, o sistema deve ter conhecimentos adicionais que lhe **permitam** trabalhar de forma inteligente com estes factos para resolver um determinado problema. Uma estrutura de conhecimento normalmente utilizada na conceção de um sistema pericial que fornece este conhecimento adicional é uma regra. Uma regra é uma estrutura de conhecimento que relaciona alguma informação conhecida com outra informação que pode ser concluída ou inferida como sendo conhecida. É também uma forma de conhecimento processual. Os diferentes tipos de regras são variáveis, incertas, meta, etc.

2.3.3.2.3   Rede semântica

Um método de representação do conhecimento que utiliza um gráfico constituído por nós e arcos, em que os nós representam objectos e os arcos as relações entre os objectos. Uma rede semântica fornece uma visão gráfica dos objectos, propriedades e relações importantes de um problema. Contém nós e arcos que ligam os nós. Os nós podem representar objectos, propriedades de objectos ou valores de propriedades. Os arcos representam as relações entre os nós.

2.3.3.2.4   Lógica

A forma mais antiga de representação do conhecimento num computador é a lógica. Ao longo dos anos, foram sugeridas e estudadas várias técnicas de representação lógica. As mais frequentemente associadas a sistemas inteligentes têm sido a lógica proposicional e o cálculo de predicados. Ambas as técnicas utilizam símbolos para representar o conhecimento e operadores aplicados aos símbolos para produzir raciocínio lógico. Oferecem uma abordagem formal bem fundamentada à representação do conhecimento e ao raciocínio. Embora os projectistas de sistemas periciais raramente utilizem uma abordagem clássica de representação lógica do conhecimento, esta constitui a base sobre a qual se constrói a maior parte das linguagens e shells AI.

2.3.3.2.4 Quadros

Uma extensão natural da rede semântica é um esquema. Proposto pela primeira vez por Barlett (1932), um esquema é uma unidade que contém conhecimentos típicos sobre um conceito ou objeto e inclui conhecimentos declarativos e processuais. Os conceptores de sistemas periciais utilizam esta mesma ideia para captar e representar o conhecimento concetual num sistema pericial, mas normalmente referem-se ao esquema como uma estrutura. Um quadro é uma estrutura de dados para representar o conhecimento estereotipado de um conceito ou objeto.

2.3.3.3 Implementação

A implementação de um E/KBS é o processo de pegar no conhecimento que foi adquirido e representado - em regras, quadros ou outro modo - e colocá-lo num formato legível por máquina. Ou seja, pegar no conhecimento e colocá-lo num código informático. Isto pode ser feito de três formas diferentes:

- Utilizar uma linguagem de programação convencional,

- Utilizar uma linguagem de programação concebida para programas de Inteligência Artificial (PROLOG ou LISP).

- Utilizar um ambiente de programação E/KBS conhecido como *shell*.

2.3.3.4 Testes, verificação e validação, e avaliação

Uma componente importante de qualquer esforço de desenvolvimento de software é o teste e a avaliação do sistema de software (solução) para garantir a correção dos resultados e a satisfação do utilizador com o produto na resolução de um determinado problema. Uma vez que os sistemas baseados em conhecimentos especializados são soluções de software para problemas, a importância dos testes e da avaliação não pode ser minimizada.

2.3.4 Pessoas envolvidas na conceção de um sistema pericial

1. O utilizador final:

É a pessoa que utiliza o sistema para fins específicos. O utilizador final vê normalmente um sistema pericial através de um diálogo interativo.

2. O especialista no domínio do problema:

Este é o indivíduo que fornece os conhecimentos especializados ao sistema pericial. Ele/ela terá adquirido conhecimentos durante um certo período de tempo, através de estudos e da prática. A função do engenheiro do conhecimento é interagir com ele e colocar os conhecimentos adquiridos numa base de conhecimentos.

3. O engenheiro do conhecimento:

Os engenheiros do conhecimento estão preocupados com a representação escolhida para as declarações de conhecimento do perito e com o motor de inferência utilizado para processar esse conhecimento.

2.3.5 Técnica de pesquisa

A pesquisa fornece um quadro para automatizar a resolução de problemas, mas é um quadro desprovido de inteligência. Permite-nos dar a um problema, uma descrição formal que pode ser implementada num programa de computador. Os problemas típicos de AI podem ter soluções de duas formas. A primeira é um estado que satisfaz os requisitos. A segunda é um caminho que especifica a forma como se deve percorrer para obter uma solução. Uma boa técnica de pesquisa deve ter os seguintes requisitos :

* A técnica de pesquisa deve ser sistemática.
* Uma técnica de pesquisa deve efetuar alterações na base de dados.

A técnica de pesquisa divide-se em duas, nomeadamente: pesquisa no espaço de estados e pesquisa heurística.

2.3.5.1 Pesquisa heurística

A pesquisa heurística é a pesquisa exaustiva no espaço, numa tentativa de obter uma solução para um problema. Por exemplo, os seres humanos não utilizam a pesquisa exaustiva, o jogador de xadrez examina apenas as jogadas que a experiência lhe mostrou serem eficazes; o médico, por outro lado, não

A conceção de software é orientada pela experiência e pela sofisticação teórica. A resolução de problemas humanos parece basear-se em regras de julgamento que orientam a nossa pesquisa para as partes do estado que parecem de alguma forma "promissoras".
É necessário referir aqui que a heurística não é infalível, apenas utiliza conhecimentos sobre a natureza de um problema para encontrar uma solução eficiente. Mesmo a melhor estratégia de jogo pode ser derrotada, as ferramentas de diagnóstico desenvolvidas por médicos especialistas por vezes falham; também um matemático experiente por vezes

não consegue provar um teorema difícil. Mas, embora nem sempre garanta uma solução óptima para um problema, uma boa heurística pode e deve aproximar-se na maioria das vezes. Se a pesquisa no espaço de estados fornece um meio de formalizar o processo de resolução de problemas, então as heurísticas permitem-nos infundir esse formalismo com inteligência.

2.3.5.2 Pesquisa no espaço de estados

Na pesquisa no espaço de estados, o espaço do problema é representado por um grafo de estados e cada nó deste grafo representa um estado no espaço do problema. Por exemplo, considere-se o jogo de xadrez. Em qualquer situação de tabuleiro, existe apenas um número finito de movimentos que um jogador pode efetuar. Começando com um tabuleiro cheio, o primeiro jogador pode mover um dos peões ou qualquer um dos dois cavalos como primeira jogada. Cada uma destas jogadas gera uma nova configuração de tabuleiro na qual o adversário terá de responder com uma jogada legal para contrariar as jogadas do adversário. Cada nova configuração do tabuleiro é representada como um nó num gráfico. As ligações do grafo representam as jogadas legais de uma configuração de tabuleiro para outra. Os nós correspondem assim a diferentes estados do tabuleiro de jogo. A pesquisa no espaço de estados utiliza duas estratégias de pesquisa, ou seja, a pesquisa orientada por dados e a pesquisa orientada por objectivos. O algoritmo pode ser de pesquisa em profundidade ou em largura. No caso da pesquisa orientada por objectivos, o objetivo a resolver é tomado, as regras corretas ou os movimentos legais que poderiam gerar este objetivo são selecionados e esta condição torna-se um novo objetivo ou sub-objectivos para a pesquisa. O processo continua a trabalhar para trás, através de sucessivos sub-objectivos, até chegar aos factos do problema.

No método orientado para os dados, o solucionador de problemas começa com os factos do problema e define movimentos legais ou regras para mudar de estado. A pesquisa prossegue aplicando regras aos factos para produzir novos factos, que, por sua vez, são utilizados pelas regras para gerar mais factos novos. Este processo continua até gerar um caminho que satisfaça a condição de objetivo.

A pesquisa no espaço de estados utiliza técnicas de pesquisa exaustiva para obter respostas, mas a simples pesquisa exaustiva de um grande espaço é geralmente impraticável e, intuitivamente, não consegue captar a substância da atividade inteligente.

2.3.6 Trabalho anterior

O projeto DENDRAL inclui três programas: HEURISTIC DENRAL, COREN e META-DENDRAL. O programa principal, HEURISTIC DENRAL, foi o primeiro e provavelmente ainda é o mais conhecido e bem sucedido sistema pericial. O programa foi concebido para ser utilizado por químicos orgânicos para inferir a estrutura molecular de compostos orgânicos complexos a partir das suas fórmulas químicas e espectrogramas de massa. (Os espectrogramas de massa são essencialmente gráficos de barras de massas de fragmentos contra a frequência relativa de fragmentos em cada massa). O trabalho no DENDRAL conduz a muitas outras aplicações bem sucedidas desta nova tecnologia conhecida como sistemas periciais. Feigenbaum e outros em Stanford iniciaram o Projeto de Programação Heurística (HPP) para investigar outros domínios problemáticos que poderiam beneficiar desta nova tecnologia. O próximo grande esforço foi no domínio do diagnóstico médico. Bruce Buchanan e o Dr. Edward Shortliffe desenvolveram o MYCIN para diagnosticar infecções sanguíneas (Buchanan e Shortliffe, 1985). Utilizando cerca de 450 regras, o MYCIN conseguiu ter um desempenho tão bom como o de alguns peritos e consideravelmente melhor do que o de alguns médicos em formação.

O MYCIN é uma das aplicações mais conhecidas de todos os sistemas periciais desenvolvidos. No entanto, o MYCIN é importante para a história dos sistemas baseados em conhecimentos/peritos por duas razões específicas. Em primeiro lugar, ao contrário do DENDRAL, que utilizou um modelo de uma molécula específica como base para o seu raciocínio, o MYCIN foi construído a partir de entrevistas com vários médicos no domínio específico. Por conseguinte, o MYCIN contém uma série de regras heurísticas que são utilizadas pelos médicos na identificação de determinadas infecções. A segunda grande contribuição do MYCIN foi o desenvolvimento posterior do EMYCIN (Empty MYCIN). O EMYCIN foi o primeiro sistema shell baseado em conhecimentos/especialistas. Foram necessários cerca de 20 anos-homem para desenvolver o programa MYCIN. Os investigadores aperceberam-se de que, para que os sistemas periciais se tornassem uma técnica viável de resolução de problemas, era necessário reduzir o tempo de desenvolvimento. Num esforço para reduzir o tempo de desenvolvimento de um sistema pericial, os investigadores desenvolveram o EMYCIN, retirando todas as regras do sistema e deixando apenas uma "concha" vazia, na qual outros programadores de outros domínios poderiam então "ligar" a sua nova base de conhecimentos. O EMYCIN facilitou o desenvolvimento de outros sistemas periciais, como o PUFF (Aikens et al. 1983), que utilizou o EMYCIN no domínio das doenças pulmonares, e o DELTA/CATS, desenvolvido na General Electric Company para ajudar o pessoal ferroviário na manutenção das locomotivas diesel-eléctricas da GE (J.P. Ignizio, 1991). Também nesta altura, investigadores da CMU desenvolveram a primeira aplicação comercial verdadeiramente bem sucedida de sistemas periciais. O sistema, desenvolvido para a Digital Equipment Corporation (DEC), era utilizado para a configuração de computadores e conhecido como XCON (R1).

O XCON, originalmente intitulado RI, foi desenvolvido por John McDermott na CMU para ajudar na configuração dos sistemas de computadores VAX e PDP-11 na DEC. Existe um enorme número de configurações para os sistemas de computadores VAX e PDP-11 - a DEC tenta configurar cada sistema para atender às necessidades específicas dos clientes. O XCON foi originalmente desenvolvido como um protótipo de 500 regras que examinava as necessidades específicas do cliente e decidia a configuração exacta dos componentes necessários para satisfazer os requisitos do cliente. Em particular, a função do XCON era selecionar e organizar os componentes de um sistema informático, incluindo: a CPU, a memória, os terminais, as unidades de fita e de disco e quaisquer outros periféricos ligados ao sistema. A XCON trabalha com uma grande base de dados de componentes informáticos e as suas regras determinam o que constitui uma encomenda completa.

Outros trabalhos que foram vistos estão resumidos na Tabela2. 1

2.4   Apresentar o trabalho a efetuar

Atualmente, o sistema pericial a desenvolver utilizaria um processo de encadeamento para trás com capacidades de retrocesso. O sistema diagnosticaria e prescreveria uma série de doenças da reprodução humana comuns na Nigéria e seria implementado utilizando o shell de sistema pericial para animação de texto (ESTA) para uma interface de utilizador bem definida.

Quadro 2.1 Sistemas Periciais em Medicina

No	Expert Systems/year	Location	Researchers	Domain of application	Limitations
1	MYCIN/1974	Stanford University, U.S.A	Shortliffe, E.H	Diagnosis and treatment of patients with certain bacteria infection	1.Lengthy 2.Limited scope
2	STD/2010	Obafemi Awolowo University, Nigeria	CSC520 group3 project	Diagnosing sexually transmitted diseases (Std)	No graphic interface
3	COBIDDES/1995	Obafemi Awolowo University. Nigeria	OKE,Adeniyi Adebowale	Design and Implementation of Computer Based Intergrated Diagnosis and debugging System: Expert	Common sense questions cannot be handled. Hence no opportunity is given to the user to enter their own data.

cont." do Quadro 2.1 Sistema pericial em medicina

					system approach.	
4	SETDIS/2001	Obafemi Awolowo University, Nigeria	Ayinde, O.A	Diagnosis of sexually transmitted diseases	1.No support recognition 2.The natural interface
5	SETH/1992	Poison control center. Paris, France	Droy, J. Stefan J.D. Philippe M, Thierry **B,** Fabienne, M and Jacques, L	Gives specific advice concerning the treatment and monitoring of drug poisoning	Knowledge base was tedious
6	AI/RHEUM/1982	University of Missouri, School of Medicine and Rutgers University	Rutgers University and University of Missouri Researchers	Designed to produce a computer based rheumatology consultant having performance at the level of an expert rheumatologist	1.Complexity in interface design
7	**DOVEPSYCHO,** 1996	Obafemi Awolowo University, Ile-Ife	Odejobi, O.A	Psychiatrists disease diagnosis	1.No graphical interface was introduced

CAPÍTULO 3: METODOLOGIA

3.1 Introdução

A metodologia pode ser ilustrada como um conceito que consiste em fases, que orientarão os criadores de sistemas na escolha de técnicas em cada fase de um projeto, para ajudar no planeamento, gestão, controlo e avaliação do sistema ou projeto (Avison e Fitzgerald, 1996). No que diz respeito aos sistemas de informação, é uma coleção de procedimentos, técnicas, ferramentas e ajudas à documentação, que ajudarão os criadores de sistemas nos seus esforços para implementar um novo sistema de informação.

O método adotado para este trabalho de investigação é a Metodologia de Análise e Conceção de Sistemas Estruturados (SSADM), que é um princípio de Engenharia de Software aceite para a conceção de software. A metodologia descreve o processo a partir do tipo de componentes utilizados, da forma como os conhecimentos devem ser adquiridos, dos tipos de representação da base de conhecimentos a utilizar e do motor de inferência a adotar. Os componentes do sistema pericial incluem a base de conhecimentos, o motor de inferência, a unidade de explicação da solução e a interface do utilizador.

3.2   A Metodologia Estruturada de Análise e Conceção de Sistemas (SSADM)

O SSADM envolve a aplicação de uma sequência de tarefas de análise, documentação e conceção.

A SSADM utiliza uma combinação de três técnicas:

- Modelação de dados lógicos: - O processo de identificação, modelação e documentação dos requisitos de dados do sistema que está a ser concebido. Os dados são separados em entidades (coisas sobre as quais uma empresa precisa de registar informações) e relações (as associações entre as entidades).

- Modelação do fluxo de dados: - O processo de identificar, modelar e documentar a forma como os dados circulam num sistema de informação. A modelação do fluxo de dados examina os processos (actividades que transformam os dados de uma forma para outra), os armazéns de dados (as áreas de armazenamento dos dados), as entidades externas (o que envia dados para um sistema ou recebe dados de um sistema) e os fluxos de dados (percursos através dos quais os dados podem circular).

- Modelação do comportamento da entidade: - O processo de identificação, modelação e documentação dos eventos que afectam cada entidade e a sequência em que esses eventos ocorrem.

- Cada um destes três modelos de sistema fornece um ponto de vista diferente do mesmo sistema, e cada ponto de vista é necessário para formar um modelo completo do sistema que está a ser concebido. As três técnicas são cruzadas entre si para garantir a exaustividade e a exatidão de toda a aplicação.

3.2.1 Módulos da Metodologia Estruturada de Análise e Conceção de Sistemas (SSADM)

A Metodologia Estruturada de Análise e Conceção de Sistemas (SSADM) está dividida em cinco módulos que, por sua vez, estão subdivididos numa hierarquia de fases, etapas e tarefas:

i. Estudo de viabilidade: - A área de negócio é analisada para determinar se um sistema pode suportar os requisitos de negócio de forma económica.

ii. Análise de requisitos: - Os requisitos do sistema a desenvolver são identificados e o ambiente empresarial atual é modelado em termos dos processos realizados e das estruturas de dados envolvidas.

iii. Especificação de requisitos: - São identificados requisitos funcionais e não funcionais pormenorizados e são introduzidas novas técnicas para definir as

estruturas de processamento e de dados necessárias.

iv. Especificação lógica do sistema: - São produzidas opções técnicas de sistemas e a

conceção lógica do processamento de actualizações e consultas e dos diálogos do

sistema.

v. Conceção física: - A conceção física da base de dados e um conjunto de

especificações do programa são criados utilizando a especificação lógica do

sistema e a especificação técnica do sistema.

3.3 Etapas do desenvolvimento de um sistema especialista

Para atingir os objectivos previamente definidos para este trabalho de projeto, o sistema é

dividido em várias fases. As fases são abordadas neste capítulo.

3.3.1 Identificação do problema e identificação do domínio

No desenvolvimento de software e na investigação científica, o passo mais crítico é a escolha do

problema. Especialmente na área da engenharia do conhecimento, a seleção do problema é

fundamental. O domínio é identificado como doenças do aparelho reprodutor humano que são

comuns na Nigéria. O problema consiste em diagnosticar e prescrever uma determinada doença

da reprodução humana e dar conselhos sobre como tratar e gerir essa doença específica. O

diagnóstico propriamente dito é efectuado através de uma avaliação crítica do utilizador,

passando pelos sintomas de forma ordenada. O sistema tem a limitação de se basear na

informação fornecida pelo utilizador e este diagnóstico teve isso em conta, modelando este

processo com a maior precisão possível, obtendo todos os sinais e sintomas, mesmo aqueles que

o utilizador inocentemente ignorou.

3.3.2 Aquisição de conhecimentos

A aquisição de conhecimentos é uma das fases mais importantes do ciclo de desenvolvimento

de um sistema pericial, em que os conhecimentos específicos do domínio, obtidos de peritos

humanos ou de outras fontes relacionadas, são transferidos para o engenheiro de conhecimentos.
O processo de aquisição de conhecimentos foi agrupado em duas fases: aquisição de
conhecimentos e engenharia de conhecimentos.

3.3.2.1 Elicitação de conhecimentos

Este é o processo de recolha de dados de um perito. Esta fase envolve a consulta de peritos
do domínio, que são os indivíduos mais importantes na conceção de um sistema
especializado. Para este projeto, os conhecimentos (os conhecimentos extraídos incluem
os sinais, os sintomas, a doença, os conselhos, etc.) são recolhidos junto de especialistas
- Dr. Fashubaa e Dr. Ogundare (ginecologista e urologista) no Hospital Universitário
Obafemi Awolowo, em Ile-Ife, através de consultas e entrevistas estruturadas. Parte dos
conhecimentos adquiridos, que incluem a doença, os sintomas e a prescrição, é
apresentada no quadro 3.1

3.3.2.2 Engenharia do conhecimento

Isto ocorre paralelamente à fase de aquisição de conhecimentos. A primeira etapa envolve
a familiarização com o domínio de interesse. Foi efectuada através da leitura de literatura
relevante em áreas como a ginecologia, a obstetrícia, a urologia, a inteligência artificial
médica, etc. Em segundo lugar, foram localizados e contactados os peritos do domínio.
Os conhecimentos de um perito ou de um grupo de peritos ou de outras fontes, como
livros, manuais de procedimentos, guias de formação, etc., são recolhidos, formatados,
verificados e validados e introduzidos na base de conhecimentos do sistema pericial. A
Figura 3.1 mostra um exemplo da estrutura do mapa de conhecimentos.

3.3.3 Representação do conhecimento

Refere-se à tarefa de modelar o conhecimento do mundo real, pelos peritos humanos, em
termos de estruturas de dados informáticos. Isto está intimamente relacionado com o

problema da forma como o conhecimento é utilizado. Por conseguinte, tem de ser escolhida uma representação adequada para que o sistema seja bem sucedido. Existem muitos métodos diferentes de representação do conhecimento no desenvolvimento de E/KBS e, neste

Quadro 3.1: Algumas das listas de doenças e sintomas associados e prescrição

DISEASE	ASSOCIATED SYMPTOMS	PRESCRIPTION
Testicular cancer	-A firm, painless and smooth testicular mass varying in size. -Testicular swelling and hardness.	-Surgical removal of lump or testicle. -chemotherapy and radiation therapy
Prostate Cancer	-A need to urinate frequently, especially at night. -Difficulty starting urination or holding back urine.	Prostatectomy and hormone therapy or anti androgen drugs, chemotherapy and radio therapy
Penile Cancer	-Sore on your penis or a wart like lump on your penis. -Any unusual liquid coming from your penis.	-See an urologist.

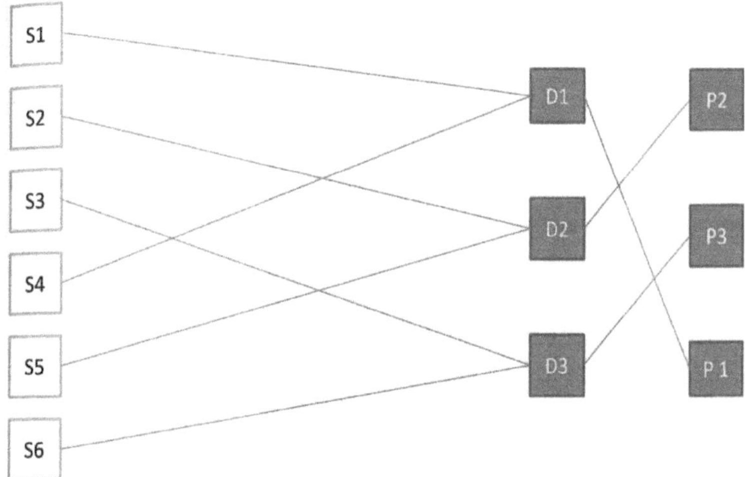

Figura 3.1 *Exemplo de estrutura do mapa de conhecimentos.*

CHAVE

S1 - Tem uma massa testicular firme, indolor e lisa, de tamanho variável, S2 - Urina frequentemente e especialmente à noite.

S3-tem alguma ferida no pénis ou um caroço parecido com uma verruga no pénis, S4-tem os testículos duros e inchados.

SS-Deve ter dificuldade em começar a urinar ou em reter a urina, S6-Está a sair algum líquido invulgar do seu pénis.

DI - A doença é o cancro dos testículos, D2 - A doença é o cancro da próstata, D3 - A doença é o cancro do pénis.

Pl-prescrição para o cancro do testículo, P2-prescrição para o cancro da próstata, P3-prescrição para o cancro do pénis

Nesta secção, discutimos as duas formas mais populares de representar o conhecimento: regras, lógica e quadros. A opção de representação escolhida é a *representação baseada em regras.*

3.3.3.1 Lógica

A lógica, especificamente a lógica de predicados, é uma das formas mais antigas de representação do conhecimento. A lógica de predicados baseia-se na ideia de que as frases (proposições) exprimem relações entre objectos, bem como as qualidades e atributos desses objectos. Na lógica de predicados, as relações são expressas por predicados e os próprios objectos são representados por argumentos do predicado. Os predicados têm um valor de verdade, dependendo do seu argumento particular; especificamente, os predicados podem ser verdadeiros ou falsos.

3.3.3.2 Molduras

A utilização de métodos orientados para os objectos no desenvolvimento de software também teve impacto no desenvolvimento de sistemas de bases de dados de conhecimentos especializados (SIBE). O conhecimento numa base de dados E/KBS também pode ser representado utilizando o conceito de objectos para captar tanto o conhecimento declarativo como o processual num determinado domínio. No E/KBS, a terminologia utilizada para denotar a utilização de objectos é *frames,* e os frames estão a tornar-se rapidamente um método popular e económico de representação do conhecimento. As molduras são extremamente semelhantes à tecnologia orientada para os objectos e proporcionam muitas das vantagens que têm sido atribuídas aos sistemas orientados para os objectos.

Uma moldura é uma unidade de conhecimento autónoma que contém todos os dados (conhecimento) e os procedimentos associados a um determinado objeto no domínio. Existem três tipos básicos de quadros que devem ser escritos num sistema baseado em quadros: um quadro de classe, um quadro de subclasse e um quadro de instância. Uma moldura de classe consiste em todos os atributos relevantes que pertencem à aplicação ao mais alto nível. Tanto a moldura de subclasse como a moldura de instância herdam todos os atributos da moldura de classe e, além disso, podem ser adicionados atributos mais específicos. A diferença básica entre os três tipos de molduras é o nível de pormenor dos atributos e respectivos valores associados e os espaços reservados que ligam as molduras. Para além disso, as molduras podem ter procedimentos (métodos) associados a cada uma delas. Estes procedimentos permitem que as molduras actuem sobre os dados da moldura para efetuar alterações/actualizações quando necessário. Muitas molduras temporais são combinadas com regras na representação do conhecimento, a fim de captar a complexidade do domínio.

3.3.3.3 Regras

A popularidade das regras como modo de representação do conhecimento deve-se a várias razões. Uma das vantagens da utilização de regras é a sua modularidade. Cada regra da base de regras é independente das outras regras. As regras podem ser adicionadas e eliminadas facilmente. É necessário ter cuidado ao adicionar ou eliminar regras, porque a lógica da tomada de decisões pode ser alterada.

Uma segunda vantagem da utilização de regras é a sua estrutura uniforme. A partir da discussão e da representação formal apresentadas acima, todas as regras numa base de regras têm a mesma forma. Cada regra contém uma ou mais cláusulas antecedentes (normalmente unidas por um "E") e uma ou mais cláusulas consequentes unidas por um "E".

Por último, as regras constituem um modo "natural" de representação do conhecimento. O tempo necessário para aprender a desenvolver bases de regras (bases de conhecimentos que contêm regras) pode ser reduzido ao mínimo. Além disso, muitos peritos resolvem problemas com base na combinação de elementos de prova (factos conhecidos) e a combinação desses factos conduz a outros factos "recentemente inferidos" (ou seja, o consequente). Por último, existem muitos pacotes de desenvolvimento E/KBS -

conhecidos como shells - que utilizam regras como método principal de representação do conhecimento.

O sistema de produção tornou-se a base do atual sistema pericial baseado em regras. O sistema pericial baseado em regras é um programa de computador que processa informações específicas de um problema contidas na memória de trabalho com um conjunto de regras contidas na base de conhecimentos, utilizando um motor de inferência para inferir novas informações.

Um sistema pericial baseado em regras modela o sistema de produção utilizando os seguintes módulos:

- Base de conhecimentos: Modela a memória de longo prazo de um ser humano como um conjunto de regras.

- Memória de trabalho: Modela a memória de curto prazo de um ser humano e contém factos problemáticos tanto introduzidos como inferidos pelo disparo das regras.

- Motor de inferência: Modela o raciocínio humano através da combinação de factos problemáticos contidos na memória de trabalho com regras contidas na base de conhecimentos para inferir novas informações.

3.4   Engenharia de software

A engenharia de software é uma disciplina de engenharia cujo objetivo é o desenvolvimento rentável de sistemas de software. Preocupa-se com todos os aspectos da produção, desde as fases iniciais da especificação do sistema até à manutenção do sistema após a sua utilização (Ayeni, 2004)

Foi aplicado o modelo de cascata apresentado na figura 3.2. As principais fases, as suas aplicações e a intersecção com o processo de engenharia são apresentadas a seguir:

1. Análise e definição dos requisitos: Em consulta com os potenciais utilizadores do sistema para estabelecer os serviços, as restrições e os objectivos do sistema.

2. Conceção do sistema e do software: este processo divide os requisitos em sistemas de hardware e software. O projeto foi identificado como um sistema de software e a estrutura foi derivada utilizando a UML. Este processo incluiu também a fase de aquisição de conhecimentos.

3. Implementação e testes unitários: O desenho do software é realizado como um conjunto de programas ou unidades de programa. Esta fase ainda está em curso.

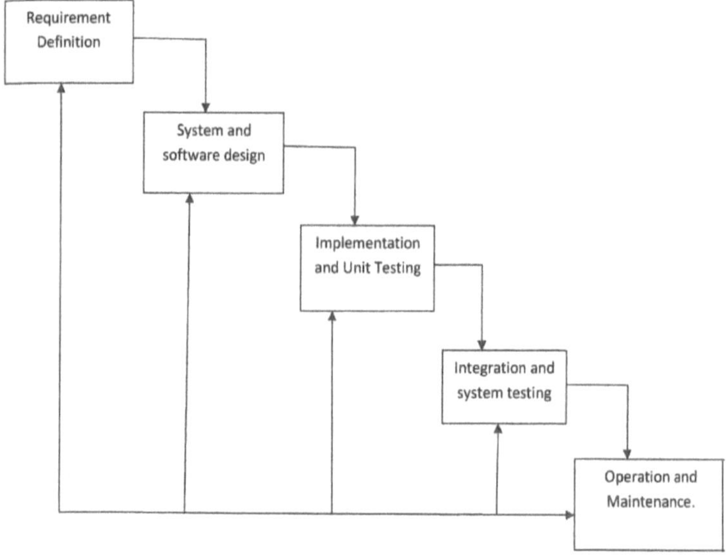

Figura 3.2 O ciclo de desenvolvimento de software **segundo o modelo "waterfall**

4. Testes integrados e de sistema: as unidades de programa individuais ou programas integrados e testados como um sistema completo para garantir que os requisitos de software foram cumpridos. Esta é uma fase futura.

5. Operação e manutenção: Normalmente, é a fase mais longa do ciclo de vida. Esta fase continua durante todo o período de utilização do programa.

3.5   Análise do problema

Foram identificadas dezasseis doenças do aparelho reprodutor humano. Os sintomas comuns também foram registados.

3.5.1   Estratégia de solução

Estão envolvidas três categorias de todas as doenças a incluir na base de conhecimentos do sistema pericial. O sistema pericial identifica a doença específica do aparelho reprodutor humano. Também fornece ao utilizador prescrições e recomendações de futuros testes sobre várias condições do sistema reprodutor humano. O mecanismo do motor de inferência é o encadeamento para trás com retrocesso. Este mecanismo permite a progressão através dos sintomas até uma determinada doença e permite retroceder na cadeia até a doença ser localizada.

3.5.2   Perguntas da sessão de diagnóstico

Para a sessão de diagnóstico, é construído um conjunto de perguntas às quais o utilizador deve responder sim ou não. As perguntas foram construídas com o objetivo de modelar o processo de diagnóstico da forma mais exacta possível. Algumas dessas perguntas são apresentadas na tabela 3.2

Tabela 3.2 Algumas das perguntas típicas das sessões de diagnóstico

NUMBER	CLINICAL SYMPTOMS
1.	What is the patient's age?
2.	What is the name of the patient?
3.	What is the sex of the patient? Male or female.
4.	What is the card number of the patient?
5.	What is the address of the patient?
6.	Is your testicular hard or swollen?
7.	Is there enlargement in your breast or nipple?
8.	Is there difficulty starting urination or holding back urine?
9.	Is there any sore on the penis or a wart like lump on your penis?
10.	Is there any unusual liquid coming from your penis?
11.	Is your breast or nipple skin warm, red, swollen or scaly?
12.	Does the patient have an unusual vaginal discharge with strong odour?
13.	Any pain or discomfort during sexual intercourse?
14.	Any burning sensation or pain while urinating?
15.	Does the patient have a strong smelling vaginal discharge that may be thin and watery or thick and yellow?

3.5.3   Criação da base de conhecimentos

A criação da base de conhecimentos divide-se em três partes: o título, a secção e o parâmetro. Esta fase é objeto de modificações constantes, uma vez que depende dos contributos do perito. A conceção desta fase só está concluída quando o perito do domínio estiver satisfeito.

3.6   Interface do utilizador

T aceitabilidade de um sistema pericial depende, em grande medida, da qualidade da interface do utilizador. Esta é o mecanismo através do qual o sistema pericial e o utilizador comunicam. O utilizador e o sistema interagem através do teclado e da comunicação escrita. O utilizador introduz comandos e responde a perguntas através da interface e o sistema responde a comandos e faz perguntas durante o processo de inferência. A interface do utilizador é feita através de comandos, gráficos, ícones, formulários, etc.

3.7   Ferramenta de aplicação

O ESTA será utilizado na implementação do sistema pericial. Podem ser utilizados diferentes módulos de software, tais como: Visual Prolog, MS Excel, Visual Basic e Seagate Crystal Reports podem ser utilizados. O ESTA será utilizado porque o sistema ESTA tem várias vantagens em relação a outros sistemas periciais como o CUSP. O ESTA é fácil de utilizar e é um excelente ambiente autónomo para a construção de sistemas de aconselhamento e de tomada de decisões. O ESTA é a ferramenta perfeita para a estruturação do conhecimento. O ESTA é também uma shell de sistema pericial desenvolvida pelo PDC (Prolog Development Centre), Dinamarca. A construção de bases de conhecimento avançadas com o ESTA (Expert system Shell for Text Animation) não requer qualquer experiência prévia de programação, o que é adequado para muitos domínios problemáticos. Não é necessária uma grande experiência de programação para formular conhecimentos declarativos e processuais. As regras IF- THEN-ELSE são representadas em inglês simples. A base de conhecimento do ESTA é composta por secções e parâmetros. As secções contêm regras que dizem ao ESTA como resolver um problema. Inclui facilidades de explicação para a pergunta que está a ser feita e para os conselhos dados. Isto é mostrado na figura 3.3

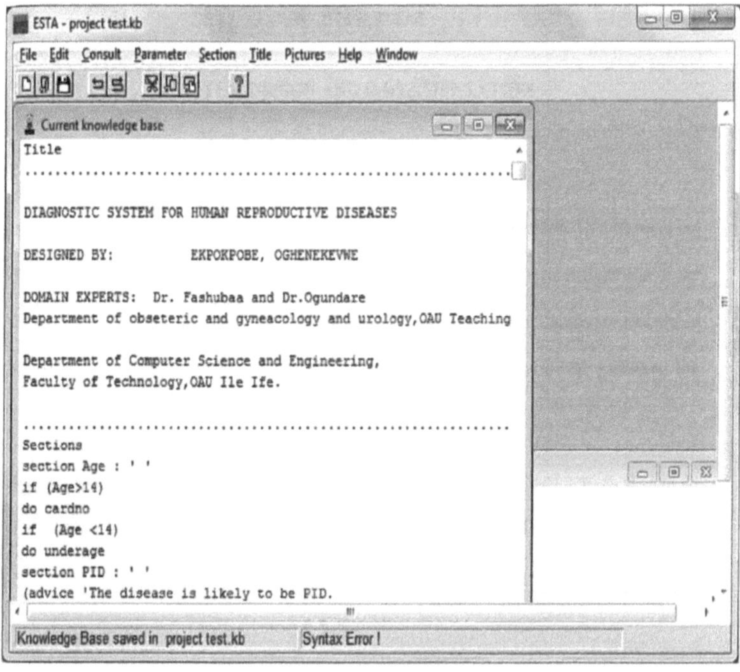

Figura 3.3 Ambiente de desenvolvimento, ESTA versão 4.5

CAPÍTULO 4: CONCEPÇÃO E APLICAÇÃO DO SISTEMA

4.1 Introdução

A conceção do sistema é uma descrição da estrutura do software a implementar. Envolve os dados que fazem parte do sistema, as interfaces entre os componentes do sistema e, por vezes, o algoritmo utilizado. Trata também do processo de conversão de uma especificação de sistema num sistema executável. O processo de implementação do sistema envolve a aquisição do hardware, o desenvolvimento do software e a formação dos utilizadores.

Neste capítulo, serão claramente indicados os requisitos de hardware e software para o sistema desenvolvido, a conceção e a descrição do funcionamento do sistema. O resultado do sistema será a especificação do programa e do procedimento do sistema.

4.2 Conceção

O processo de conceção é uma tarefa criativa que tenta desenvolver um sistema eficiente onde ainda não existia nenhum ou melhorar um sistema já existente. No caso da conceção de um sistema pericial para doenças do aparelho reprodutor humano, o sistema existente tem algumas limitações, uma vez que apenas algumas doenças do aparelho reprodutor são tratadas pelo sistema. Assim, a conceção é basicamente uma melhoria do sistema existente, acrescentando-lhe novas funcionalidades e aumentando o número de casos tratados pelo sistema.

4.3 Estrutura do sistema

Este contém a estrutura do sistema. O sistema pericial contém quatro subsistemas principais: a base de conhecimentos, a interface do utilizador, o subsistema de explicação e o motor de inferência. A estrutura do sistema é também modelada utilizando a estrutura e a linguagem de modelação unificada (UML).

4.3.1 Conceção do sistema utilizando a estrutura

A conceção do sistema utilizando um diagrama de estrutura é apresentada na Figura 4.I

4.3.2 Conceção de sistemas utilizando a Linguagem de Modelação Unificada (UML)

A UML é uma ferramenta de programação orientada para objectos (OOP) para modelar objectos e as relações entre os objectos e as classes na fase de conceção de um programa. A representação UML substitui o fluxograma, uma vez que há muitos diagramas (modelos) diferentes a que nos devemos habituar, porque é possível olhar para um sistema de muitos pontos de vista diferentes. É uma ferramenta poderosa para representar a estrutura de um programa.

- O diagrama de casos de utilização, que é uma descrição do comportamento do sistema do ponto de vista do utilizador. Este diagrama é uma ajuda preciosa durante a análise, uma vez que o desenvolvimento de casos de utilização ajuda a compreender os requisitos. É utilizado na fase de desenvolvimento dos requisitos. O diagrama de casos de utilização é apresentado na figura 4.2. Os actores são o utilizador e o perito, pois são as pessoas que interagem com o sistema. Os recursos são identificados como o meio de diagnóstico e a base de conhecimentos. O perito e o utilizador podem chamar a base de conhecimentos como um recurso, enquanto o utilizador pode chamar os recursos do meio de diagnóstico para serem utilizados na estrutura do programa.

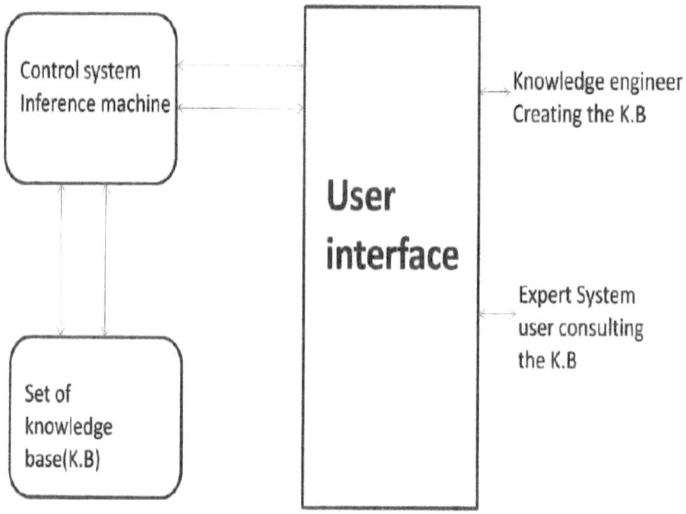

Figura 4.1: **Estrutura do sistema**

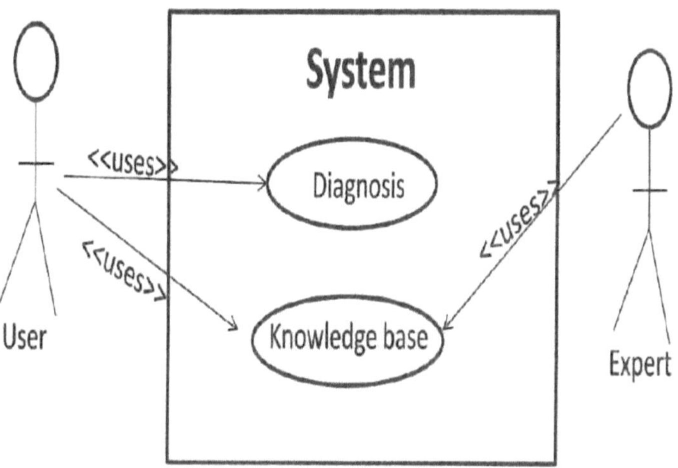

Figura 4.2: Diagrama de casos de utilização

- O diagrama de classes mostra a relação entre as classes do sistema. Uma classe é um projeto que define as variáveis e os métodos comuns a todos os tipos de modelos. É um elemento básico do modelo. É utilizado nas fases de conceção e análise de um programa.

  Foram identificadas cinco classes e as associações entre elas; incluem o utilizador, a base de conhecimentos, o diagnóstico, a prescrição e a interface gráfica do utilizador. O diagrama de classes é apresentado na figura 4.3.

- O diagrama de sequência, que descreve a forma como os objectos do sistema interagem ao longo do tempo.

  Os objectos identificados neste sistema são o utilizador específico, o diagnóstico específico, a prescrição específica, uma parte específica da base de conhecimentos, a interface de utilizador específica e o subsistema de aconselhamento médico.

4.4 Implementação do sistema

Esta fase envolve o funcionamento efetivo de um determinado sistema e a definição dos seus requisitos de funcionamento. O input necessário a um sistema, o output a obter, os requisitos mínimos para a implementação do sistema.

4.4.1 Ambiente de desenvolvimento

O sistema pericial é implementado no ambiente Microsoft Windows. O MS-Windows é um ambiente totalmente ilustrado e multiutilizador, que é de fácil utilização.

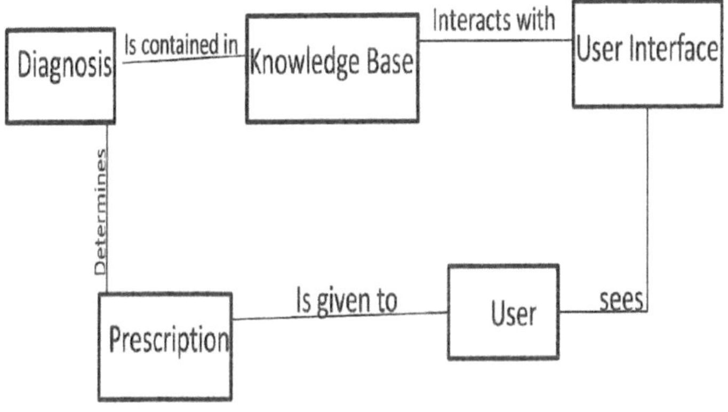

Figura 4.3 Diagrama de classes

4.4.2 Requisitos de hardware

Para que um estabelecimento possa utilizar este sistema pericial, trata-se de uma descrição dos computadores, dos dispositivos de armazenamento e dos dispositivos de entrada/saída. Para uma implementação efectiva, são necessários, pelo menos, os seguintes componentes.

- Um mínimo de 128MB de RAM
- Um mínimo de processador Pentium III 500Mhz
- 500 MB de espaço livre no disco rígido
- Teclado e rato
- Unidade de CD-ROM
- Impressora Deskjet ou LaserJet
- Monitor a cores de 14" com uma resolução de ecrã de 1240 por 768 pixels.

4.5 Criação da base de conhecimentos

A criação da base de conhecimentos divide-se em três partes: o título, a secção e o parâmetro.

A primeira secção de qualquer base de dados de conhecimento deve ser chamada de início. O ESTA trata os parágrafos de uma secção trabalhando de cima para baixo, um parágrafo de cada vez. Se um parágrafo contém uma expressão Booleana, então a expressão é avaliada primeiro. Quando uma consulta é iniciada através do comando Begin Consultation, o ESTA começa por avaliar as expressões Booleanas nos parágrafos da secção de início.

Os parâmetros são como variáveis que determinam o fluxo de controlo entre as secções. Qualquer parâmetro é constituído por um campo de declaração e um tipo de campo. O título é utilizado para representar toda a base de conhecimentos. O título é um texto simples. A figura 4.4 e a figura 4.5 apresentam um exemplo de parâmetro e de secção na base de conhecimentos.

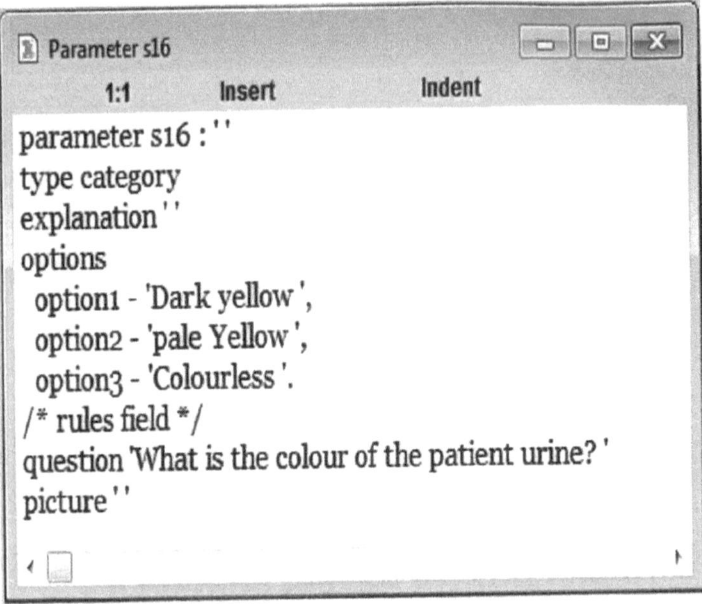

Figura 4.4: captura de ecrã do parâmetro relativo à hepatite A.

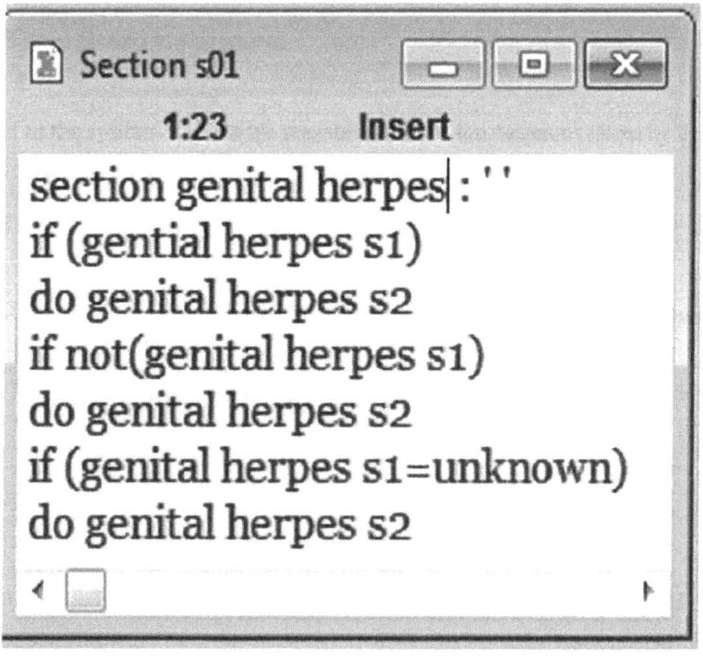

Figura 4.5: captura de ecrã da secção relativa ao herpes genital.

4.6   Interface do utilizador

Isto permite que os sistemas interajam com o utilizador. Isto é implementado através de uma interface gráfica do utilizador (GUI). Esta conduz o sistema através de uma série de perguntas. Isto é feito para chegar a uma solução específica para o problema do utilizador (diagnóstico). O protótipo do utilizador é apresentado nas figuras 4.6 a 4.8.

4.7   O subsistema "explicação

Esta parte do sistema explica o raciocínio subjacente às decisões tomadas pelo sistema

4.8   Motor de inferência

Este é o subsistema que aceita as consultas através da interface do utilizador, avalia os factos na sua base de conhecimentos e tira conclusões.

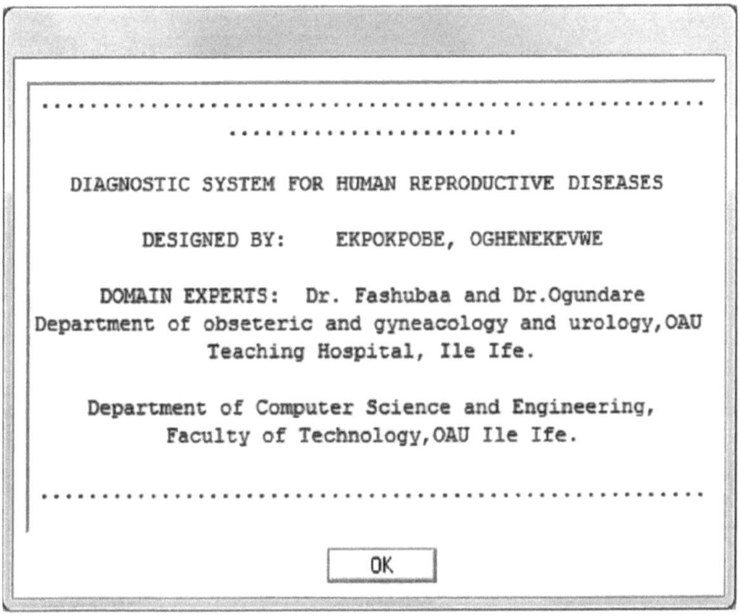

Figura 4.6: Ecrã de boas-vindas

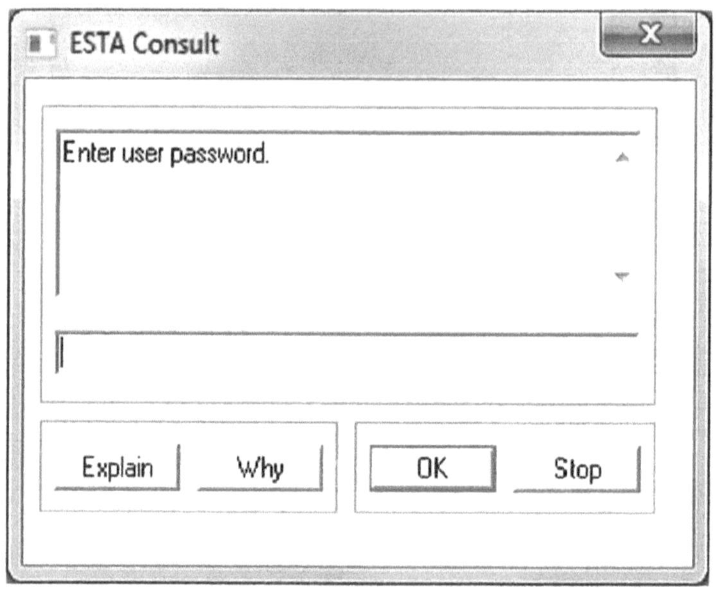

Figura 4.7: Iniciar a verificação da palavra-passe

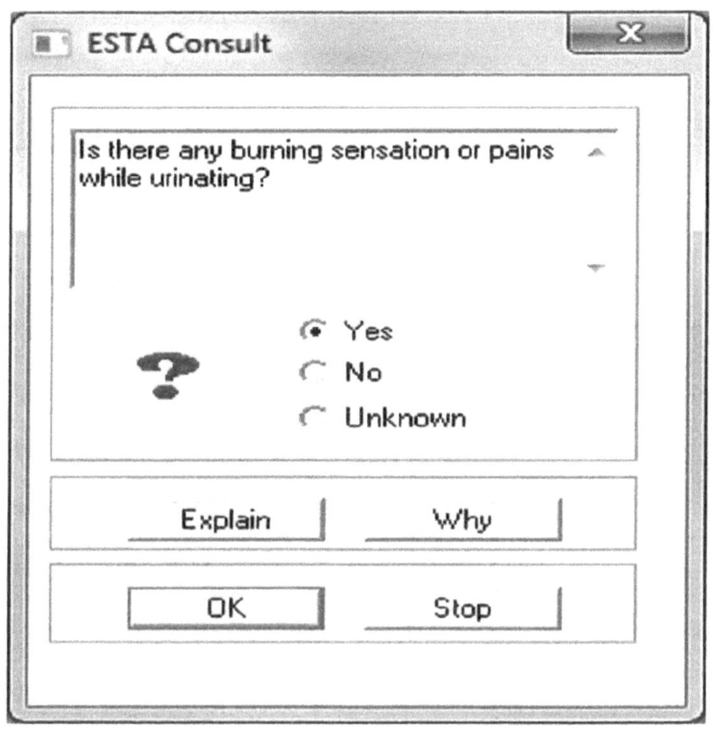

Figura 4.8: Sessão de consulta

CAPÍTULO 5: CONCLUSÃO E RECOMENDAÇÃO

Este capítulo encerra todo o trabalho do projeto. Contém a descrição dos problemas encontrados, as limitações e a expansão futura no desenvolvimento deste sistema (Sistema pericial para o diagnóstico e a prescrição de doenças da reprodução humana).

5.1   Problema encontrado

Os problemas encontrados foram os seguintes:

- Aquisição de conhecimentos médicos. Em alguns casos, os médicos mostraram-se muito cépticos quanto à capacidade do computador para efetuar um diagnóstico. Embora, até certo ponto, tenham razão, a contribuição do computador para esta nobre profissão, especialmente no domínio do diagnóstico, não pode ser subestimada.
- Pouco tempo disponível para conceber e implementar este projeto. Isto foi um problema porque os sistemas periciais são aplicações sensíveis ao tempo que necessitam de muitos testes e avaliações.

5.2   Limitações

As limitações no desenvolvimento do sistema especializado em doenças da reprodução humana incluem

- Impossibilidade de manter registos dos utilizadores anteriores.

5.3   Expansão futura

Com base nas várias limitações encontradas no decurso da investigação, são apresentadas algumas sugestões sobre a forma de melhorar as limitações do sistema pericial.

- Deve ser previsto o fornecimento constante de eletricidade à rede

- Devem ser disponibilizadas instalações adequadas para manter/armazenar
  registos dos utilizadores, como os dados pessoais, a doença diagnosticada e a
  prescrição recomendada.

- A base de conhecimentos pode ser actualizada para conter mais doenças.

5.4   Conclusão

Em conclusão, é evidente que a construção do sistema pericial é viável e útil, na medida em que pode efetivamente ajudar ou reduzir a carga de trabalho dos peritos humanos e servir de auxiliar de aprendizagem para as pessoas que pretendem saber mais sobre um determinado domínio. Embora projectos deste tipo não resolvam totalmente o problema da escassez de peritos no domínio, podem contribuir muito para atenuar os efeitos da escassez de peritos no domínio.

REFERÊNCIAS

Aikens, J.S., J.C Kunz, e E.H. Shortliffe, PUFF: An Expert System for interpretation of Pulmonary Function Data, Computers and Biomedical Research, vol.16, pp.199-208, 1983.

Avison, D. E. e Fitzgerald, G., (1996). "Desenvolvimento de sistemas de informação: Metodologias, técnicas e ferramentas". Segunda edição. McGraw Hill Publishing Company, Londres.

Barr, A. e Feigenbaum, E.A. (1981). The handbook of Artificial intelligence Vol. 1 Los Aitos CA: Morgan Kaufmann.

Bobrow, D. G., Natural language input for a computer problem solving system, in Semantic Information Processing, Minsky, M. (Ed.), MIT Press, Cambridge, 1968.

B.G. Buchanan e E.H. Shortliffe (eds.), Rule-Based Expelt Systems: The MYCIN Experiments of The Stanford Heuristic Programming Project, Reading, MA: Addison-Wesley, 1985.

Feigenbaum, E. A., The art of artificial intelligence: themes and case studies in knowledge engineering, Proc. IJCAI, 5, 1977.

Goldberg, D. E., Genetic Algorithms in Search, Optimization and Learning, Addison-Wesley Publishing Co., Reading, Massachusetts, 1989.

Holland, J. H., Adaptation in Natural and Artificial Systems, University of Michigan Press, Ann Arbor, 1975.

John W. Kimball (2006)". <u>Sexual Reproduction in Humans"</u>. Kimball's Biology Pages, e livro didático online.

Johnson J, canning J, kaneko T, pru Jk, Jully TL (march) "germline stem cells and follicular renewal in the postriatal mammalian ovary.",2004.

J.P. Ignizio, Introduction to Expert Systems: The Development and Implementation of Rule-Based Expert Systems, Nova Iorque, NY: McGraw-Hill, 1991.

Jackson P. (1990). Introduction to expert Systems, segunda edição. Addison - Wesley publishing Company, Massachusetts.

Luger G.F. e Stubblefield W.A. (1989). Artificial Intelligence and the Design of Expert Systems. The Benjamin-Zcummings Publishing Company, Inc.; Massachusetts.

McAllister J. (1987). Artificial Intelligence and prolog on Micro Computers. Edward Arnold Publishers Ltd, Londres.

McCarthy, J., Recursive functions of symbolic expressions and their computation by machine, Communications of the ACM, 7, 184-195, 1960.

Minsky, M. e Papert, S., Perceptrons, MIT Press, Cambridge, Massachusetts, 1972.

Minsky, M., A framework for representing knowledge, em The Psychology of Computer Vision, Winston, P.H. (Ed.), McGraw Hill, Nova Iorque, 1975.

Minsky, M (1968). Semantic information processing Cambridge Ma.Mit press.

Newell, A., Shaw, J. C. e Simon, H. A., A variety of intelligent learning in a general problem solver, em Self Organizing Systems, Yovits, M. C. e Cameron, S. (Eds.), Pergamum Press, Nova Iorque, 1960.

Newell, A., Shaw, J. C. e Simon, H. A., Empirical explorations with the logic theory machine: a case study in heuristics, in Computers and Thought, Feigenbaum, E. A. e Feldman, J. (Eds.),McGraw Hill, New York, 1963.

Shanon, C. E., Programming a computer for playing chess, Philosophical Magazine, Series 7, 41,256-275, 1950.

Ted Schettler e MD (2003), Infertility and Reproductive Disorders "The collaborative on Health and the environment".

Tilly JL, Niikura Y, Rueda BR (agosto de 2008). "O estado atual das provas a favor e contra a ovogénese pós-natal em mamíferos: Um Caso de Otimismo Ovariano versus Pessimismo?" Biol. Reprod. 80: 2.

Tanner, M. C., Keunecke, A. M., e Chandrasekaran, B. (1993). Explicação utilizando a estrutura da tarefa e os modelos funcionais do domínio. Em David, J.-M., Krivine, J.-P., e Simmons, R., editores, Second Generation Expert Systems, páginas 586-613. Springer Verlag.

APÊNDICES

APÊNDICE A

PROGRAMA DE TRABALHO PLANEADO

	2010						
	MAY	JUNE	JULY	AUGUST	SEPTEMBER	OCTOBER	NOVEMBER
Project phase A (DTF) For chapter1-3							
Preliminary research work& submission of proposal							
Chapter 1							
Elicitation and building the knowledge base							
Chapter 2							
Chapter 3							
Building the KB and rep. in ESTA							
Rep. in ESTA continues							
Chapter 4 submission							
Evaluation of system							
Chapter 5 submission							

CÓDIGO DE ORIGEM

Title

....

DIAGNOSTIC SYSTEM FOR HUMAN REPRODUCTIVE DISEASES

DESIGNED BY: EKPOKPOBE, OGHENEKEVWE

DOMAIN EXPERTS: Dr. Fashubaa and Dr.Ogundare

Department of Obstetric and Gynecology and Urology, O.A.U Teaching Hospital, Ile-Ife.
Department of Computer Science and Engineering, Faculty of Technology, O.A.U Ile Ife

....

Sections section Age : ' '

if (Age>14)

do cardno

if (Age <14)

do underage

section HepatitisA_symptom 1 : ' '

 if ((HepatitisA_symptom1='option I')or (HepatitisA_symptom1='option2'))

 do HepatitisA_symptom2

if (HepatitisA_symptom 1='option3')

do HepatitisA_symptom2 section HepatitisA_symptom2 : "

 if ((HepatitisA_symptom 1='option1') and (HepatitisA_symptom2))

 do HepatitisA_symptom2i

if ((HepatitisA_symptom 1='option2') and not (HepatitisA_symptom2))

```
do HepatitisA_symptom2i

if ((HepatitisA_symptom1='option3') and (HepatitisA_symptom2))

do HepatitisA_symptom2i

if ((HepatitisA_symptom 1='option3') and not(HepatitisA_symptom2))

do error section HepatitisA_symptom2i : ' '

if ((HepatitisA_symptom 1='option 1') and (HepatitisA_symptom2) and(HepatitisA_symptom2i)

do HepatitisA_symptom2ii

if ((HepatitisA_symptom 1='option2') and not(HepatitisA_symptom2) and

(HepatitisA_symptom2i))

do HepatitisA_symptom2ii

if ((HepatitisA_symptom1='optionl ') and (HepatitisA_symptom2) and

not(HepatitisA_symptom2i))

do HepatitisA_symptom2ii

if ((HepatitisA_symptom1='option2') and (HepatitisA_symptom2) and

not(HepatitisA_symptom2i))

do HepatitisA_symptom2ii

if ((HepatitisA_symptom1='colourless') and not((HepatitisA_symptom2)

and(HepatitisA_symptom2i)))

do error section HepatitisA_symptom2ii : ' '

if ((HepatitisA_symptom2ii) or not(HepatitisA_symptom2ii)) do hepatitisA section PID: "

(advice 'The disease is likely to be PID. You are adviced to see the gyneacologist for further

details.',stop)

section Testicular_cancer_symptom01 : ' '
```

```
if (Testicular_cancer_symptomO1)

do Testicular_cancer_symptom02

if not(Testicular_cancer_symptomO1)

do Testicular_cancer_symptom02

if (Testicular_cancer_symptomO1=unknown)

do Testicular_cancer_symptom02 section Testicular_cancer_symptom02 : "

if ((Testicular_cancer_symptomOl) and (Testicular_cancer_symptom02))

do testicular_cancer_symptom02i

if ((Testicular_cancer_symptomO1) and not(Testicular_cancer_symptom02))

do testicular_cancer_symptom02i

if (not(Testicular_cancer_symptomO1) and (Testicular_cancer_symptom02))

do testicular_cancer_symptom02i

if not((Testicular_cancer_symptomOl) and (Testicular_cancer_symptom02))

do male_gonorhea_symptom1

if (Testicular_cancer_symptomO1=unknown)

do male_gonorhea_symptom1

section VYl : ' '

(advice' The disease is likely to be Vaginal Yeast Infection. Treatment; Antibiotics: Diflucan

150mg one single dose.',stop) section Yeast_in_men_symptom1 : ' '

if (Yeast_in_men_symptom 1)

do Yeast_in_men_symptomli

if not (Yeast_in_men_symptoml)
```

do scabies_symptoml if (Yeast_in_men_symptoml=unknown) do scabies_symptoml section

Yeast_in_men_symptomli: ' '

if ((Yeast_in_men_symptoml i) or not(Yeast_in_men_symptomli))

do yeast_in_men section address : ' '

if (address=' ') or not (address=")

do Age section breast_can : ' '

(advice 'The disease is likely to be Breast cancer.

Treament;

1. Women are recommended to examine their breasts once in a month to detect any changes or lumps. If breast self examination detect lump; the doctor should be consulted. 2. Breast cancer is usually treated surgically along with chemotherapy; radio therapy and hormone therapy. ',stop)

section cardno : ' ' if (cardno >1)

do male female

if (cardno <1)

do register section cervical_can : ' '

(advice': The disease is likely to be Cervical cancer.

Treatment;

-Cervical cancer depends on tumor size and location of the disease stage and the patient age and overall health condition. -Cervical cancer is most often treated with one or a combination of treatment: surgery, radiation and chemotherapy.',stop)

section chalmydia_dis : "

(advice 'Disease is likely to be chalmydia Disease. Treatment: chalmydia can be cleared with a range of antibiotics taken for 1-3 weeks. All sexual partners must be screened and treated to prevent infection. Pregnant women may be treated with erythromycin. They should have follow up tests done if they have failed or forget to take the pills or have unprotected sex during treatment ',stop)

section error : ''

(advice' Pis provide the system with the right information and if this still occurs again, then the infection or disease does not fall under the domain or scope of this system. You are advice to consult another system or a doctor. Thank you.',stop)

section genital_dis: " (advice 'Disease is likely to be Genital Herpes Disease. Treatment; 1. Anti-viral drugs such Zovirax or Acyclovir may also be useful in treating herpes. 2. Always keep your genital areas clean to prevent infection. 3. The virus is destroyed by heat so hot tubs are good, preapare a hot bath 2-3 times daily with some slat added to the water. 4. Avoid tourching the sores and then rubbing your eyes or other parts of the body which are susceptible to infection. ',stop)

section genital_herpes_symptom01 : "

if (genital_herpes_symptom01)

do genital_herpes_symptom0li

if not(genital_herpes_symptom01)

do genital_herpes_symptom02

if (genital_herpes_symptom01=unknown)

do genital_herpes_symptom02 section genital_herpes_symptom02 : "

if (genital_herpes_symptom02)

do genital_herpes_symptom02i

if not(genital_herpes_symptom02)

do genital_herpes_symptom02i

if (genital_herpes_symptom02=unknown)

do prostate_cancer_symptom3 section genital_herpes_symptom02i : ' '

if ((genital_herpes_symptom0I) and (genital_herpes_symptom02)

and(genital_herpes_symptom02i))

do genital_herpes_symptom02ii

if ((genital_herpes_symptom0 I) and not(genital_herpes_symptom02) and

(genital_herpes_symptom02i))

do genital_herpes_symptom02ii

if ((genital_herpes_symptom01) and (genital_herpes_symptom02) and

not(genital_herpes_symptom02i))

do genital_herpes_symptom02ii if not((genital_herpes_symptom0I) and

(genital_herpes_symptom02) and(genital_herpes_symptom02i))

do prostate_cancer_symptom3 section genital_herpes_symptom02ii : ' '

if ((genital_herpes_symptom02ii) or not(genital_herpes_symptom02ii))

do genital_dis

section genital_herpes_symptomoli: "

if (genital_herpes_symptomoli)

do genital_herpes_symptom02

if not(genital_herpes_symptomoli)

do genital_herpes_symptom02

if (genital_herpes_symptomo l i=unknown)

do genital_herpes_symptom02

section gonorhea_dis : ' '

(advice 'Disease is likely to be Gonorhea. You are advised to take: A single dose of antibiotics such as; --Cipro*R500mg a single dose. --Levaquin 500mg a single dose. --Tequin 400mg a single dose.',stop) section hepatitisA:' '(advice 'Disease is likely to be Hepatitis A Disease. You are advised to: 1.Take vaccine which is highly effective combined with immune globlin for maximum protection(antibodied given within two weeks after explosure) immune globulin can be given during pregnancy and breast feeding.',stop)

section male_chalmydia_symptoml : "

if (male_chalmydia_symptom 1)

do male_chalmydia_symptom li

if not (male_chalmydia_symptoml)

do male_chalmydia_symptomli

section male_chalmydia_symptom li : ' '

if ((male_chalmydia_symptoml) and (male_chalmydia_symptom1i))

do male_chalmydia_symptom 1ii

if ((male_chalmydia_symptom 1) and not(male_chalmydia_symptom1i))

do male_chalmydia_symptom1ii

if (not(male_chalmydia_symptom1) and (male_chalmydia_symptom1i))

do male_chalmydia_symptom 1ii

if not((male_chalmydia_symptoml) and (male_chalmydia_symptom1i))

do Yeast_in_men_symptom1

section male_chalmydia_symptom1ii : ' '

if ((male_chalmydia_symptom1ii) or not(male_chalmydia_symptomlii))

do trichomoniasis_dis section male_female: "

```
if (male_female='male')

do genital_herpes_symptom01

if (male_female='female')

do ss1 section male_gonorhea_symptom 1 : ' '

if (male_gonorhea_symptom1)

do male_gonorhea_symptom1i

if not (male_gonorhea_symptom1)

do male_gonorhea_symptom1i

if (male_gonorhea_symptom 1=unknown)

do male_gonorhea_symptom1i

section male_gonorhea_symptom 1i : ' '

if ((male_gonorhea_symptom I) and (male_gonorhea_symptom1i))

do male_gonorhea_symptom Iii

if ((male_gonorhea_symptom I) and not(male_gonorhea_symptom Ii))

do male_gonorhea_symptom Iii

if (not(male_gonorhea_symptom I) and (male_gonorhea_symptom Ii))

do male_gonorhea_symptom I ii

if not((male_gonorhea_symptoml) and (male_gonorhea_symptomli))

do male_trichomoniasis_symptom1 section  male_gonorhea_symptom lii : ' '

if ((male_gonorhea_symptom1) and (male_gonorhea_symptom 1i)and
(male_gonorhea_symptom1ii))

do male_gonorhea_symptom1iii

if ((male_gonorhea_symptoml) and not(male_gonorhea_symptomli) and
(male_gonorhea_symptom1ii))
```

do male_gonorhea_symptom 1iii

if (not(male_gonorhea_symptom1) and (male_gonorhea_symptom1i)and
(male_gonorhea_symptom1ii))

do male_gonorhea_symptoml iii

if (not(male_gonorhea_symptom1ii) and (male_gonorhea_symptom1i)and
(male_gonorhea_symptom1))

do male_gonorhea_symptom I iii

if not ((male_gonorhea_symptoml) and
(male_gonorhea_symptom I i)and(male_gonorhea_symptom1ii)) do male_gonorhea_symptom1iii
section male_gonorhea_symptom I iii : "

if ((male_gonorhea_symptom I iii) or not(male_gonorhea_symptom I iii))

do gonorhea_dis

section male_trichomoniasis_symptoml :"

if (male_trichomoniasis_symptom1)

do male_trichomoniasis_symptom1i

if not (male_trichomoniasis_symptom I)

do male_trichomoniasis_symptom1i

ifnot(male_trichomoniasis_symptoml=unknown)

do male_trichomoniasis_symptom1i

section male_trichomoniasis_symptom1i : "

if ((male_trichomoniasis_symptom 1) and (male_trichomoniasis_symptom I i))

do male_trichomoniasis_symptom Iii

if ((male_trichomoniasis_symptom I) and not(male_trichomoniasis_symptom Ii))

do male_trichomoniasis_symptom1ii

if (not (male_trichomoniasis_symptomI) and (male_trichomoniasis_symptom Ii)) do male_trichomoniasis_symptom 1ii

if not((male_trichomoniasis_symptom 1) and (male_trichomoniasis_symptom 1 i))

do male_chalmydia_symptom 1

section male_trichomoniasis_symptom1ii: "

if ((male_trichomoniasis_symptom 1ii) or not(male_trichomoniasis_symptom1ii)) do trichomoniasis dis

section name : ' '

if (name='doctor')

do patientname

if not(name='doctor') do wrongpassword

section patientname : ' '

if (patientname='') or not (patientname='') do address

section penile_can: " (advice 'Disease is likely to be Penile Cancer Disease. You are advised to: See an urologist for treatment',stop)

section penile_cancer_symptom1 : "

if (penile_cancer_symptom 1) do penile_cancer_symptom2

if not (penile_cancer_symptom1) do penile_cancer_symptom2

section penile_cancer_symptom2 : "

if ((penile_cancer_symptom1) and (penile_cancer_symptom2)) do penile_cancer_symptom2i

if ((penile_cancer_symptom]) and not(penile_cancer_symptom2)) do penile_cancer_symptom2i

if(not(penile_cancer_symptom1) and (penile_cancer_symptom2)) do penile_cancer_symptom2i

if not((penile_cancer_symptom 1) and (penile_cancer_symptom2)) do priapism_symptom1

section penile_cancer_symptom2i: " if ((penile_cancer_symptom2i)or not(penile_cancer_symptom2i)) do penile_can

section priapism_dis: " (advice 'Disease is likely to be Priapism Disease. You are advised to: 1.
See an urologist for Medication or minor surgery to remove the old blood from the penis.',stop)
section priapism_symptoml: " if(priapism_symptoml) do priapism_symptomli

if not (priapism_symptom1) do Testicular_cancer_symptomO1

section priapism_symptom 1i : ' ' if ((priapism_symptomli) or not (priapism_symptomli)) do
priapism_dis

section prostate_can: " (advice 'Disease is likely to be Prostate Cancer Disease. You are advised
to: 1. Take Anti antrogen drugs 2. See the doctor for Chemotherapy and Radio therapy. 3. See
the doctor for prostatectomy and Hormone Therapy.',stop) section prostate_cancer_symptom3:'
'

if (prostate_cancer_symptom3) do prostate_cancer_symptom4

if not(prostate_cancer_symptom3) do prostate_cancer_symptom4

if (prostate_cancer_symptom3=unknown) do prostate_cancer_symptom4

section prostate_cancer_symptom4 : ' '

if (prostate_cancer_symptom4) do prostate_cancer_symptom4i

if (not(prostate_cancer_symptom4)and (prostate_cancer_symptom3)) do
prostate_cancer_symptom4i

if not((prostate_cancer_symptom4) and (prostate_cancer_symptom3)) do
penile_cancer_symptom1

if (prostate_cancer_symptom4=unknown) do penile_cancer_symptom1

section prostate_cancer_symptom4i : "

if ((prostate_cancer_symptom3) and (prostate_cancer_symptom4)
and(prostate_cancer_symptom4i)) do prostate_cancer_symptom4ii

if ((prostate_cancer_symptom3) and not(prostate_cancer_symptom4) and
(prostate_cancer_symptom4i)) do prostate_cancer_symptom4ii

if ((prostate_cancer_symptom3) and (prostate_cancer_symptom4) and
not(prostate_cancer_symptom4i)) do prostate_cancer_symptom4ii

if not((prostate_cancer_symptom3) and (prostate_cancer_symptom4)
and(prostate_cancer_symptom4i)) do penile_cancer_symptom1

section prostate_cancer_symptom4ii: " if (prostate_cancer_symptom4ii='option I') do prostate_can

if not(prostate_cancer_symptom4ii='option2') do prostate_can

if not(prostate_cancer_symptom4ii='option3') do prostate_can

section register: "(advice' The patient is adviced to obtained a membership card from the registery office. Thank you',stop)

section scabies : " (advice 'Disease is likely to be scabies. Treament; cream and lotions containing permethrin such as Pid and Nix must be applied to the whole body from the neck down (As with public lice,products containing lindane may be harmful to the fetus if used by a pregnant woman, check with your doctor} change clothing and sleep on fresh laundered sheets after you have applied the lotion.Any bedding or clothing that may have been infested should be washed with very hot water or dry-cleaned If not treated: continued scratching can cause an infection and if left untreated ,scabies can be transmitted to anyone you come in close contact with.',stop)

section scabies_symptoml : " if (scabies_symptoml) do scabies_symptom2 if not (scabies_symptom1) do scabies_symptom2

if (scabies_symptom I=unknown) do scabies_symptom2

section scabies_symptom2 : ' '

if ((scabies_symptoml) and (scabies_symptom2)) do scabies_symptom2i

if ((scabies_symptom1) and not(scabies_symptom2)) do scabies_symptom2i

if (not(scabies_symptom1) and (scabies_symptorn2)) do scabies_symptom2i if not((scabies_symptom 1) and (scabies_symptom2)) do HepatitisA_symptoml

section scabies_symptom2i : "

 if((scabies_symptom2i) ornot(scabies_symptom2i)) do scabies section ssl:

section start : 'This is the first section to be excuted. ' do name

section testicular_can : ' ' (advice 'Disease is likely to be Testicular Cancer Disease. You are advised to: See the an urologist for treatment.',stop)

section testicular_cancer_symptom02i : "

if ((Testicular_cancer_symptom01) and (Testicular_cancer_symptom02)
and(testicular_cancer_symptom02i)) do testicular_cancer_symptom02ii

if ((Testicular_cancer_symptom0l) and not(Testicular_cancer_symptom02) and
(testicular_cancer_symptom02i)) do testicular_cancer_symptom02ii

if ((Testicular_cancer_symptom01) and (Testicular_cancer_symptom02) and
not(testicular_cancer_symptom02i)) do testicular_cancer_symptom02ii

ifnot((Testicular_cancer_symptom0I) and (Testicular_cancer_symptom02)
and(testicular_cancer_symptom02i)) do male_gonorhea_symptom I

Current knowledge base Page -12-

section testicular_cancer_symptom02ii : " if ((Testicular_cancer_symptom02ii) or not
(Testicular_cancer_symptom02ii)) do testicular_can

section testicular_cancer_symptom2i : ' '

if ((Testicular_cancer_symptom0l) and (Testicular_cancer_symptom02)
and(testicular_cancer_symptom02i)) do testicular_cancer_symptom02ii

if ((Testicular_cancer_symptom0 I) and not(Testicular_cancer_symptom02) and
(testicular_cancer_symptom02i)) do testicular_cancer_symptom02ii

if ((Testicular_cancer_symptom01) and (Testicular_cancer_symptom02) and
not(testicular_cancer_symptom02i)) do testicular_cancer_symptom02ii

if not((Testicular_cancer_symptom01) and (Testicular_cancer_symptom02)
and(testicular_cancer_symptom02i)) do male_gonorhea_symptom I

section trichomoniasis_dis : ' ' (advice 'Disease is likely to be Trichomoniasis. You are advised
to: Antibiotics--Metronidazole 500mg 2-3times a day. Anyone being treated for trichomoniasis
should avoid sex until they and their sex partners have completed the treatment. ',stop)

section underage:" (advice' This patient can not be diagnosed by this system because his /her
age is below 14 years. Since he/sher has not reached the stage of puberty, therefore might not
have some of the necessay features needed for proper diagnosing. Thank you.',stop)

section wrongpassword: " (Advice' Enter the right password.',stop)

section yeast_in_men: "

(advice 'Disease is likely to be Yeast infection. Treatment Ifyou are uncircumcised you can help
prevent balanitis by practising good hygiene. Treament for balanitis includes; -Cleaning under

the foreskin of the penis -Applying antifungal creams atleast twice a day -Recurrent balanitis:Diflucan 150mg one single dose.',stop)

Parameters parameter Age : 'Age' type number explanation 'For record purpose and to ensure that the patient is above a certain age for efficient diagnoses.' range 0 150

/* rules field */

question 'What is the patient"s age?' picture" parameter Testicular_cancer_symptom01 : "

type boolean explanation 'Germ cell experience adnormal growth.This is a symptom that occur in testiculaar cancer. it has to be noticed and dignosed.' /* rules field */

question '? Is there any lump in the patient testicules,is it firm,painless and smooth? Does the picture look like the one shown by the side.' picture 'testicular_cancermale'

parameter Testicular_cancer_symptom02 : " type boolean explanation 'This makes the patient to be aware of the lump in his testicule. If any. '/* rules field */

question 'Is your testicular swollen and hard?

Does the infected area of the patient look like the one shown by the side?' picture 'cancer2testicular'

parameter address : '' type text explanation ' It is important to give the correct address for record purpose and incase of emergency. Thank you.'/* rules field */

question 'What is the address of the patient?' picture"

parameter cardno: " type number explanation' To know if the patient is a member of this hospital. Thank you.'

/* rules field *//* range field */

question 'What is the card number of the patient? If the patient does not have a card number enter 0.' picture ' '

parameter genital_herpes_symptom01 : " type boolean explanation 'This is to ensure that the patient is aware of symptoms of rash or bumps cut. '

/* rules field */

question 'Does the patient have blisters or rashes, bumps cut or sores in his penis?' picture" parameter genital_herpes_symptom02: '' type boolean explanation 'This to ensure that the patient is aware of symptoms of lesions i.e troublesome itching in the penis. '

/* rules field */

question 'Is there any itchings, burning or tingling in the penis of the patient?' picture''

parameter genital_herpes_symptom02i : '' type boolean explanation 'There is a feeling of pains or burning sensation while urinating. This is a symptom that occur in herpes disease. it has to be noticed and diagnosed. '

/* rules field */

question 'Is there any burning sensation or pains while urinating?' picture '' parameter genital_herpes_symptom02ii : '' type boolean explanation 'This to ensure that the patient is aware of flu-like symptoms. '/* rules field*/ question 'Are there any flu-like symptoms such as headaches, fever, vomitting.....' picture ''

parameter genital_herpes_symptomo Ii : '' type boolean explanation 'This is to ensure that the patient is aware of symptoms of rash or bumps cut. '

/* rules field */ question 'Does the picture look like or similar to the one shown by the side?' picture 'herpes_male '

parameter hepatitisA_symptom I : ' ' type category explanation ' ' options option I - 'Dark yellow ', option2 - 'pale Yellow', option3 - 'Colourless'./* rules field*/ question 'What is the colour of the patient urine? ' picture ''

parameter hepatitisA_symptom2 : '' type boolean explanation''/* rules field*/ question 'Do you feel weak?'

picture''

parameter hepatitisA_symptom2i : '' type boolean explanation''/* rules field*/ question 'Do you have diarrhea ie light stools? ' picture ''

parameter hepatitisA_symptom2ii : '' type boolean explanation''/* rules field*/ question 'Do you have loss of appetite? 'picture ''

parameter male_chalmydia_symptoml : '' type boolean explanation''/* rules field*/ question 'Is there any watery or milky discharge from the uretha as shown in the picture? ' picture 'chlamydia_male'

parameter male_chalmydia_symptomli: '' type boolean explanation''/* rules field*/ question 'pain or tenderness in the testicles? ' picture '' parameter male_chalmydia_symptom1 ii : " type boolean explanation"/* rules field*/ question 'Does the patient feel pains while urinating? ' picture ' '

parameter male_female: " type category explanation 'It is very important to specify the sex of the patient to enable the system to diagnose him or her as appropriate.' options male - 'male', female - 'female'./* rules field */ question 'What is the sex of the patient?' picture"

parameter male_gonorhea_symptom 1 : " type boolean explanation"/* rules field*/ question 'Is there any white,yellow or green thick discharge from the tip of the penis? (Does the picture look like this)' picture 'male gonorhea'

parameter male_gonorhea_symptom1 i : " type boolean explanation"/* rules field*/ question 'Is there any irritation or discharge from the anus? 'picture ' '

parameter male_gonorhea_symptom1 ii:" type boolean explanation"/* rules field*/ question 'Any burning sensation while passing out urine? ' picture ' '

parameter male_gonorhea_symptom1iii: " type boolean

explanation"/* rules field */ question 'Is there any inflammation of the testicles and prostate gland? ' picture ' '

 parameter male_trichomoniasis_symptom1 : " type boolean explanation"/* rules field*/ question ' Feel any tingling inside the penis? 'picture ' '

parameter male_trichomoniasis_symptom1i:" type boolean explanation"/* rules field*/ question 'Is there any burning sensation after ejaculation?' picture ' '

parameter male_trichomoniasis_symptom1ii : " type boolean explanation"/* rules field*/ question 'Any unusual penile discharge?' picture" parameter name:" type text explanation 'Passwords are inputed for security measures. '/* rules field*/ question 'Enter user password.' picture"

parameter patientname: " type text explanation 'It is important to input the name of the patient because of future references or record purpose.'/* rules field */ question 'What is the patient"s name? ' picture ' '

parameter penile_cancer_symptom1 : " type boolean explanation"/* rules field*/ question 'Is there any sore on the penis or wart-like lump on your penis?' picture 'penile genital warts' parameter penile_cancer_symptom2 : " type boolean explanation"/* rules field*/ question 'Is there any unusual liquid coming from the penis? ' picture ' '

parameter penile_cancer_symptom2i: " type boolean explanation"/* rules field*/ question 'Pain or bleeding from the penis ' picture ' ' parameter priapism_symptom 1 : ' ' type boolean explanation' '/* rules field */ question 'Does your erection lasts for an unusual period that is unrelated to sexual contact? ' picture ' '

parameter priapism_symptom1i : ' 'type boolean explanation' '/* rules field */ question 'A male develops a permanent erection? ' picture ' '

parameter prostate_cancer_symptom3 : '' type boolean explanation 'This is to give the patient an awareness frequent urination especially at night.This is a symptom that occur in prostate cancer. It has to be noticed and diagnosed. '/* rules field */ question 'Is there a need to urinate frequently,especially at night?' picture''

parameter prostate_cancer_symptom4:' 'type boolean explanation 'To ensure that the patient is aware of symptoms of difficulty in holding back urine.'/* rules field */ question 'Difficulty starting urination or holding back urine? ' picture ' '

parameter prostate_cancer_symptom4i: '' type boolean explanation''/* rules field*/ question 'Painful or burning urination or bowel movement? ' picture ' '

parameter prostate_cancer_symptom4ii: '' type category explanation'' options option] - 'Lower-back', option2 - 'Hips', option3 - 'Upper thighs'./* rules field*/ question 'Is there frequent pain or stiffness in the ' picture ' '

parameter scabies_symptoml:' 'type boolean explanation''/* rules field*/ question 'Is there a small bumps or a rash on the penis or buttocks? ' picture 'scabiesl'

parameter scabies_symptom2: '' type boolean explanation''/* rules field */ question 'Is there any intense itching especially at night? ' picture ' '

parameter scabies_symptom2i : '' type boolean explanation''/* rules field*/ question 'Does the affected area: looks scaly or crustly as the infection progresses? ' picture 'scabies3 '

parameter ssl : '' type boolean explanation 'Give awareness of suspicious lump in her breast.'/* rules field */ question 'Does the patient feel any suspicious lump in her breast? ' picture ''

parameter sslO:' 'type boolean explanation''/* rules field*/ question 'Is there an unusual vaginal discharge with strong odour?' picture 'chlamydiafemale_t'

parameter ssl 1 : '' type boolean explanation '' /* rules field */ question 'Feeling pain in the lower abdomen due to inflammation of the fallopian tube. ' picture ' '

parameter ss 11i : ' ' type boolean explanation ' ' /* rules field */ question 'Any frequent and painful urination. ' picture ' ' parameter ssl Iii : " type boolean explanation"/* rules field */ question 'Do you feel pain during sex intercourse and bleed between period.' picture" parameter ssl2 : " type boolean explanation"/* rules field */ question 'Any abdominal pain. 'picture' '

parameter ssl3: " type boolean explanation"/* rules field*/ question' Is there any heavy, yellowish-green, frothy vaginal discharge? Does the picture look like the one by the side?' picture 'trichomoniasisf'

parameter ssl3i: " type boolean explanation"/* rules field*/ question 'Does your vagina or vulva itch you. ' picture ' '

parameter ss14 : ' 'type boolean explanation ' '/* rules field */question 'Does the vaginal itch her. ' picture ' '

parameter ssl4i: " type boolean explanation"/* rules field*/ question 'Is there a white, thick discharge that resembles cottage cheese?' picture" parameter ssl5: " type boolean explanation' '/* rules field */ question 'Is there a small bumps or a rash on the penis or the buttocks?' picture '
r

parameter ssl6: " type boolean explanation"/* rules field*/ question' Does the patient have intense itching especially at night? ' picture ' 'parameter ssl 6i : ' 'type boolean explanation ' '/* rules field */ question 'Does the affected area looks scally or crustly? 'picture' '

parameter ss2 : " type boolean explanation 'Changes in shape or size of the breast, it is symptoms that occur in breast cancer. It has to be noticed and diagnosed. '/* rules field */ question 'Is there changes in shape or size (that is, increase or decrease) of the breast 'picture 'breast cancer '

parameter ss2i : " type boolean explanation 'This is a symptom of breast cancer. It has to be noticed and diagnosed. '/* rules field */ question 'Any nipple discharge liquid that is not breast milk?' picture" parameter ss2ii : " type boolean explanation 'This makes the patient aware of symptoms of bleed, itch . '/* rules field */ question 'Is there any rash around the nipple that may bleed,itch or cause skin breakdown? ' picture ' '

parameter ss2iii : ' 'type boolean explanation"/* rules field */ question 'Is the breast or nipple skin warm,red,swollen or scaly? ' picture"

parameter ss3 : ' 'type boolean explanation " /* rules field */ question 'Does her vagina bleed between menstrual cycle or after sexual intercourse? ' picture ' '

parameter ss4 : " type boolean explanation " /* rules field */question' Discomfort during intercourse? 'picture" parameter ss4i : ' 'type boolean explanation " /* rules field */ question 'Any unpleasant vaginal discharge? 'picture ' ' parameter ss4ii : " type boolean explanation"/* rules field */question' Does her vaginal bleeding after menopause? 'picture ' 'parameter ss5 : ' ' type boolean explanation' ' /* rules field */ question 'Does the patient feel persistent abdonminal pain or cramps. 'picture "

parameter ss5i : " type boolean explanation ' '/* rules field */question 'Does the patient feel weak and have very heavy menstrual periods? ' picture ' '

parameter ss6 : " type boolean explanation"/* rules field */ question 'Any painful blisters or rashes, bumps cut or sore in the vaginal.' picture 'genital_herp 'parameter ss7 : " type boolean explanation ' '/* rules field */question' Feel any itchings, burning or tingling in the vagina or vulva. ' picture ' '

CASOS DE TESTE

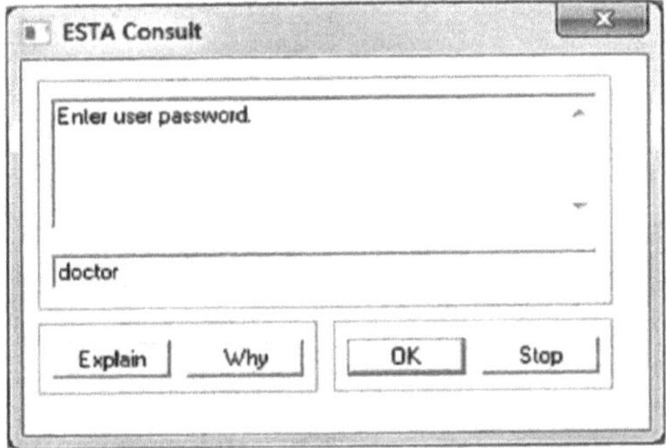

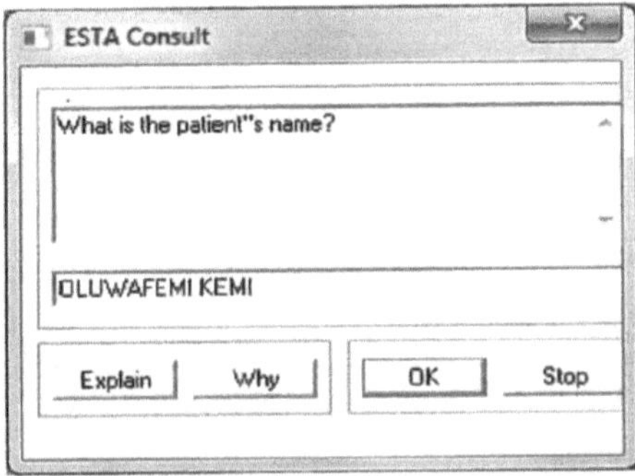

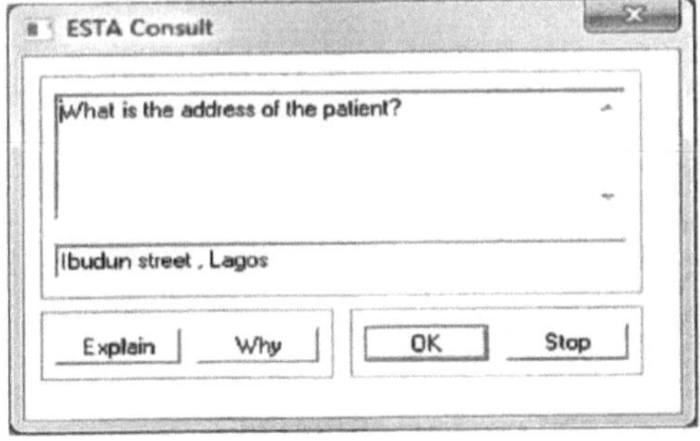

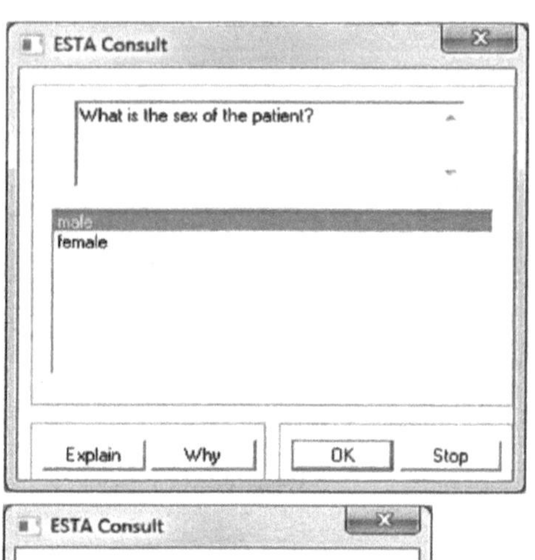

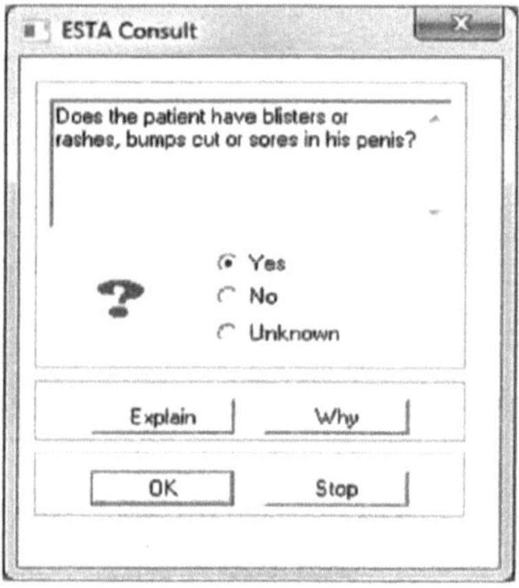

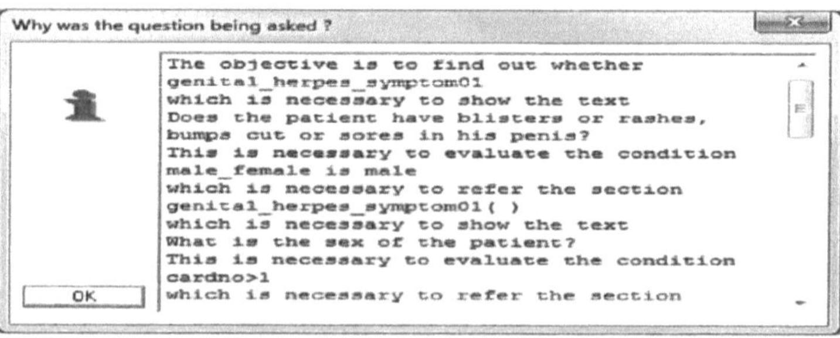

94

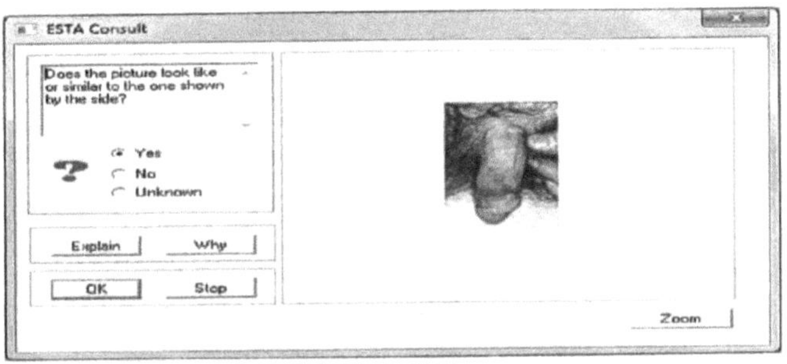
ESTA Consult
Does the picture look like
or similar to the one shown
by the side?
Yes
No
Unknown
Explain
Why
OK
Stop
Zoom

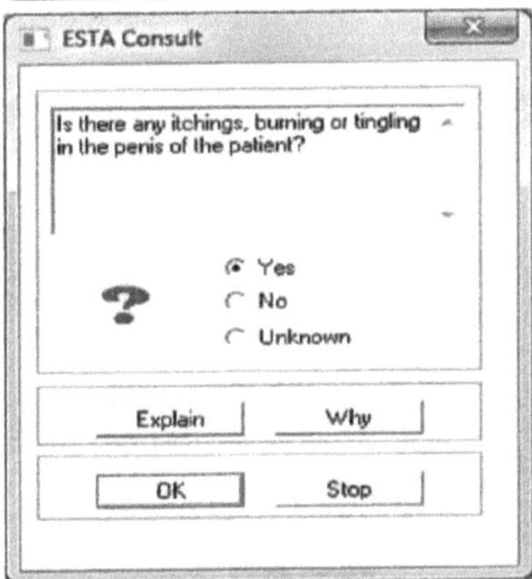
ESTA Consult
Is there any itchings, burning or tingling
in the penis of the patient?
Yes
No
Unknown
Explain
Why
OK
Stop

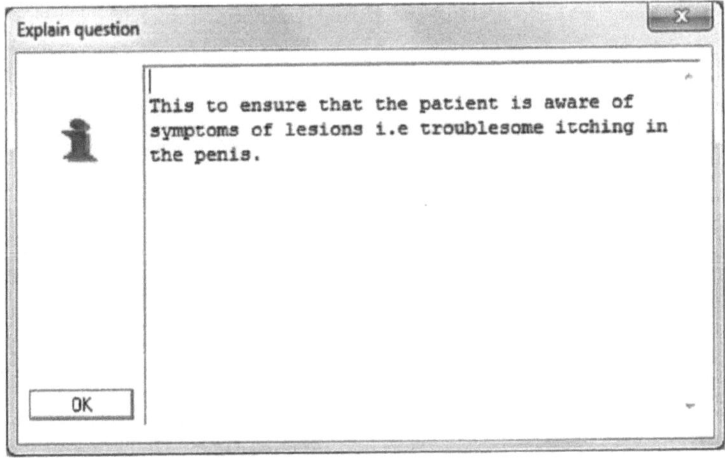
Explain question
This to ensure that the patient is aware of
symptoms of lesions i.e troublesome itching in
the penis.
OK

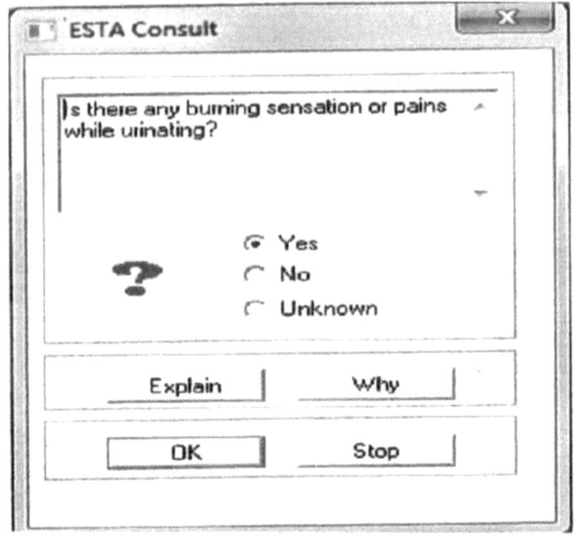

ESTA Consult
Is there any burning sensation or pains while urinating?
Yes
No
Unknown
Explain
Why
OK
Stop

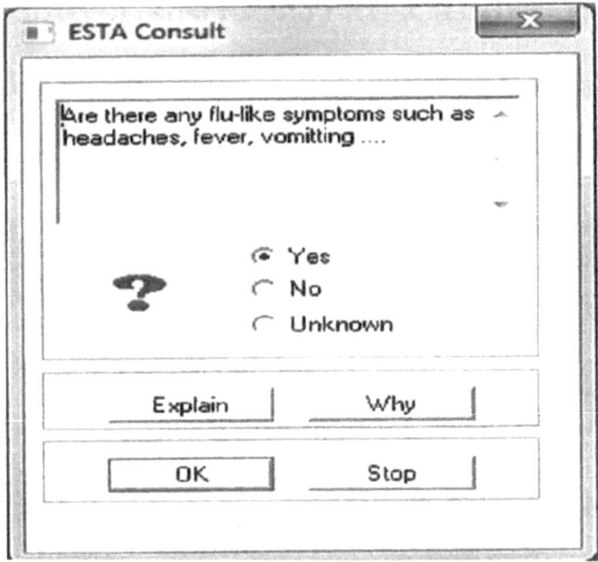

ESTA Consult
Are there any flu-like symptoms such as headaches, fever, vomitting ....
Yes
No
Unknown
Explain
Why
OK
Stop

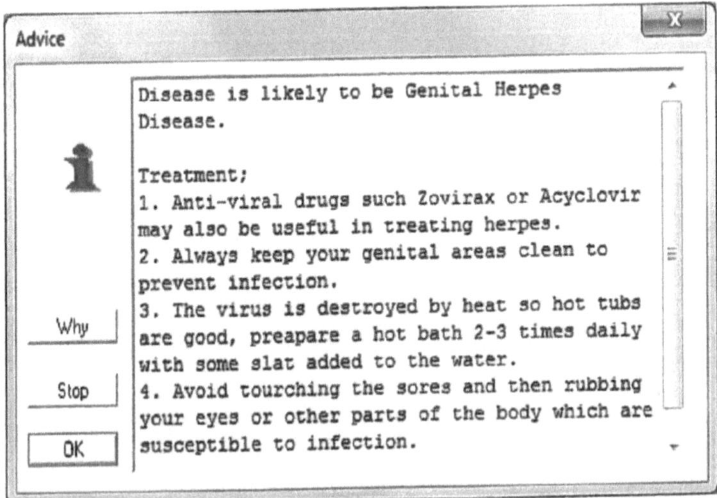

Advice
X
Disease is likely to be Genital Herpes
Disease.

Treatment;
1. Anti-viral drugs such Zovirax or Acyclovir
may also be useful in treating herpes.
2. Always keep your genital areas clean to
prevent infection.
3. The virus is destroyed by heat so hot tubs
are good, preapare a hot bath 2-3 times daily
with some slat added to the water.
4. Avoid tourching the sores and then rubbing
your eyes or other parts of the body which are
susceptible to infection.
Why
Stop
OK

UNIVERSIDADE OBAFEMI AWOLOWO

DEPARTAMENTO DE CIÊNCIAS E ENGENHARIA INFORMÁTICA

ILE-JFE, ESTADO DE OSUN

Questionnaire Number: ....

RESEARCH TOPIC: DEVELOPMENT OF A MEDICAL EXPERT SYSTEM FOR DIAGNOSING AND PRESCRIBING HUMAN REPRODUCTIVE DISEASES.

RESEARCHER: EKPOKPOBE, OGHENEKEVWE

DEPARTMENT: Computer Science and Engineering.

PREAMBLE: The questions below are in respect of the above research topic, which is purely for academic use. This questionnaire is based on these Human Reproductive Diseases, their symptoms and treatment.

Please, read the questions carefully and kindly answer them to the best of your knowledge and expertise. All information provided will be strictly confidential.

SECTION A

1 Date of Interview:.. .

2 Rank:..

3 Specialization:...

4 Age group:

20-29☐ 30-39☐ 40-49☐ 50-59☐ Above 59 ☐

5 Marital status: Single ☐   Married ☐   Divorced☐

6 Sex: Male ☐ Female ☐

7 Years of experience in your work place:..

8 Educational backgrounds:

No formal education☐ Primary ☐Secondary ☐ Tertiary

SECTIONB

In this section, you should tell us your opinion about the Human Reproductive diseases and the underlying factors of these Human reproductive diseases.

1 Brief judgment on Testicular Cancer:

....

....

....

....

....

2 Brief judgment on Breast Cancer:

....

....

....

....

....

3 Brief judgment on Prostate Cancer:

....

....

....

4 Brief judgment on Penile Cancer:

5 Brief judgment on Cervical Cancer:

6 Brief judgment on Male Infertility:

7 Brief judgment on Priapism:

8 Brief judgment on Genital Herpes:

9 Brief judgment on Female Gonorrhoea:

10 Brief judgment on Male Gonorrhoea:

11 Brief judgment on Chlamydia in male:

12 Brief judgment on Chlamydia in female:

13 Brief judgment on Yeast in man:

14 Brief judgment on Vaginal yeast Infection:

15 Brief judgment on Scabies:

....

16 Brief judgment on warts:

........*..

SECTIONC

In this section, you are expected to give details of the symptoms one experiences when afflicted

with each of the following diseases.

1 Symptoms of Testicular Cancer:

2 Symptoms of Breast Cancer:

3 Symptoms of Prostate Cancer:

4 Symptoms of Penile Cancer:

5 Symptoms of Cervical Cancer:

6 Symptoms of Male Infertility:

7 Symptoms of Priapism:

8 Symptoms of Genital Herpes:

9 Symptoms of Female Gonorrhoea:

10 Symptoms of Male Gonorrhoea:

11 Symptoms of Chlamydia in male:

12 Symptoms of Chlamydia in female:

13 Symptoms of Yeast in man:

14 Symptoms of Vaginal yeast Infection:

15 Symptoms of Scabies:

16 Symptoms of warts:

In this section, you are expected to give the treatment, prevention/cure and remedies when afflicted with each of the following diseases.

1 Treatment measures on Testicular Cancer:

2Treatment measures on Breast Cancer:

3 Treatment measures on Prostate Cancer:

4 Treatment measures on Penile Cancer:

5 Treatment measures on Cervical Cancer:

6 Treatment measures on Male Infertility:

7 Treatment measures on Priapism:

8 Treatment measures on Genital Herpes:

9 Treatment measures on Female Gonorrhoea:

IO Treatment measures on Male Gonorrhoea:

11 Treatment measures on Chlamydia in male:

12 Treatment measures on Chlamydia in female:

13 Treatment measures on Yeast in man:

14 Treatment measures on Vaginal yeast Infection:

15 Treatment measures on Scabies:

16 Treatment measures on warts:

THANK YOU FOR YOU ATTENTION AND TIME

I want morebooks!

Buy your books fast and straightforward online - at one of world's fastest growing online book stores! Environmentally sound due to Print-on-Demand technologies.

Buy your books online at
www.morebooks.shop

Compre os seus livros mais rápido e diretamente na internet, em uma das livrarias on-line com o maior crescimento no mundo! Produção que protege o meio ambiente através das tecnologias de impressão sob demanda.

Compre os seus livros on-line em
www.morebooks.shop

Printed by Books on Demand GmbH, Norderstedt / Germany